图 1　磨盘柿

图 2　富平尖柿

图 3　眉县牛心柿

图 4　橘蜜柿

图 5　镜面柿

图 6　博爱八月黄

图 7　绵瓤柿

图8 火晶柿

图9 仰韶牛心柿

图10 石榴柿

图11 黑柿

图12 恭城月柿

图13 永定红柿

图 14　南通小方柿

图 15　鄂柿 1 号

图 16　宝盖甜柿

图 17　太秋

图 18　阳丰

图 19　富有

图 20　次郎

图 21　柿角斑病危害叶片

图 22　柿圆斑病危害叶片

图 23　柿炭疽病症状

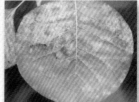

图 24　柿白粉病危害叶片

图 25　柿黑星病症状

图 26　柿叶枯病危害叶片

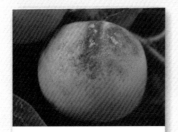
图 27　柿干枯病危害枝干

图 28　柿灰霉病症状

图 29　柿煤污病症状

图 30　柿疯病对果实的危害

图 31　柿黑斑病症状

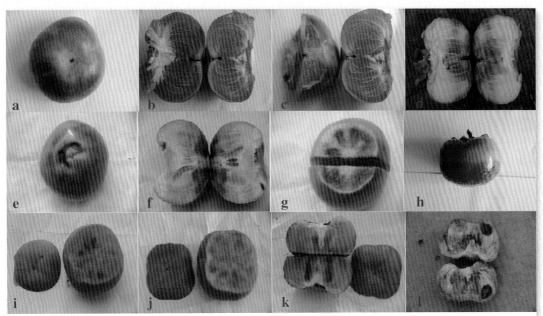

图32　柿顶腐病危害症状
a～d为恭城月柿；e～h为阳丰；i～l为次郎

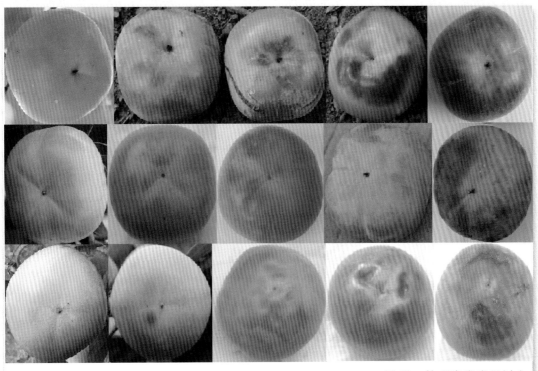

图33　柿顶腐病病级划分
（从上至下分别为恭城月柿、次郎、阳丰；每行从左至右病级分别为0、Ⅰ、Ⅱ、Ⅲ、Ⅳ级）

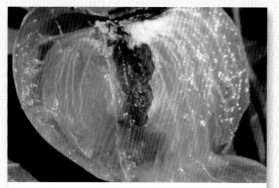

图 34　柿蒂虫危害

图 35　柿长绵粉蚧危害叶片

图 36　柿长绵粉蚧

成虫

幼虫

蛹

图 37　柿星尺蠖

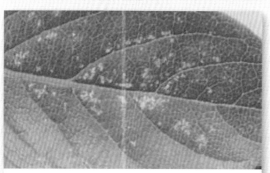

图 38　柿血斑叶蝉危害叶片症状

图 39　柿血斑叶蝉若虫

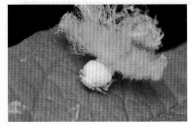

图 40　柿广翅蜡蝉

图 41　柿绵蚧危害果实

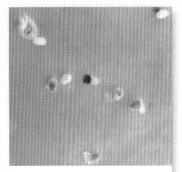

图 42　柿绵蚧若虫

图 43　柿梢鹰夜蛾成虫

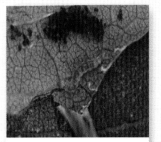

图 44　柿梢鹰夜蛾幼虫

图 45　柿龟蜡蚧雌虫

图 46　柿龟蜡蚧若虫

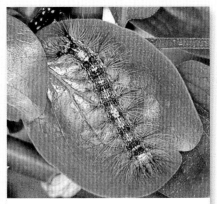

图 47　柿舞毒蛾老熟幼虫

图 48　柿草履蚧

图 49　柿园橘小实蝇雌成虫正在产卵

图 50　柿垫绵坚蚧

图 51　柿日本长白蚧

图 52　柿角蜡蚧

图 53　褐点粉灯蛾幼虫

图 54　柿茶斑蛾幼虫

图 55　柿茶斑蛾成虫

图 56　柿梢夜蛾幼虫

图 57　柿褐带长卷叶蛾低龄幼虫

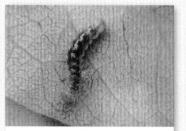
图 58　柿钩刺蛾幼虫

图 59　小蓑蛾老熟幼虫

一本书明白
柿子
速丰安全高效
生产关键技术

YIBENSHU

MINGBAI

SHIZI

SUFENG ANQUAN GAOXIAO

SHENGCHAN

GUANJIAN JISHU

丁向阳　主编

"十三五"国家重点
图书出版规划

新型职业农民书架·
种能出彩系列

山东科学技术出版社　山西科学技术出版社　中原农民出版社
江西科学技术出版社　安徽科学技术出版社　河北科学技术出版社
陕西科学技术出版社　湖北科学技术出版社　湖南科学技术出版社
中原农民出版社　　　　　　　　　　　　　联合出版

图书在版编目（CIP）数据

一本书明白柿子速丰安全高效生产关键技术/丁向阳主编.
郑州：中原农民出版社，2017.12
（新型职业农民书架·种能出彩系列）
ISBN 978-7-5542-1821-1

Ⅰ.①一… Ⅱ.①丁… Ⅲ.①柿—果树园艺 Ⅳ.①S665.2

中国版本图书馆CIP数据核字（2017）第331777号

一本书明白
柿子速丰安全高效生产关键技术

主　编：丁向阳

出版：中原农民出版社

官网：www.zynm.com

地址：郑州市郑东新区祥盛街27号7层

邮政编码：450016

办公电话：0371-65788651

购书电话：0371-65724566

出版社投稿信箱：Djj65388962@163.com

交流QQ：895838186

策划编辑电话：13937196613

发行单位：全国新华书店

承印单位：河南安泰彩印有限公司

开本：787mm×1092mm　　　　　　　　1/16

印张：10　　　　　　　　　　　　　**插页**：8

字数：160千字

版次：2019年4月第1版　　　　　　　**印次**：2019年4月第1次印刷

书号：ISBN 978-7-5542-1821-1　　　**定价**：39.90元

本书如有印装质量问题，由承印厂负责调换

编　委　会

主　编　丁向阳

副主编　徐　阳　王珊珊

编　者　（按姓氏笔画排序）

丁向阳　王珊珊　邓　玲　邓全恩　刘　丽

杜道丽　李红喜　吴开云　余建基　沈　强

张　柯　张　恒　张书运　张建泳　陈　征

周　威　周耀伟　赵奇扬　赵肃然　郗　慧

徐　阳　徐自恒　梁　健　路　明

目录
Contents

一、柿生产现状与前瞻

1. 世界柿栽培现状如何?

据联合国粮食及农业组织(FAO)统计,2016世界柿总收获面积为1 029 976 hm²,总产量为5 430 365 t;中国收获面积938 800 hm²(约占世界91.15%),产量3 988 957 t(约占世界总量的73.46%);其他主要生产国依次为韩国、西班牙、日本、巴西、阿塞拜疆、意大利、乌兹别克斯坦、以色列等,收获面积和产量见表1。目前,印度尼西亚、泰国、土耳其、摩洛哥、葡萄牙、新西兰等国也有柿产业而且正在开展相关研究;德国、斯洛伐克、匈牙利和保加利亚等国家开始试种。因此,从温带到亚热带、热带,从北半球到南半球均有柿的栽培,柿树正从区域特产逐渐成为一种新的世界性果树。

根据FAO 2016年公布的数据显示,就国家而言,按产量排名为,中国第一,韩国第二,西班牙第三,日本第四,巴西第五,后边依次是阿塞拜疆、意大利、乌兹别克斯坦、以色列等。

表1 FAO 统计2016 年柿主要生产国家收获面积和产量

	收获面积(hm²)	产量(t)
世界总量	1 029 976	5 430 365
中国	938 800	3 988 957
韩国	28 275	405 702
西班牙	14 001	311 400
日本	20 400	232 900
巴西	8 174	197 011
阿塞拜疆	9 483	142 920

	收获面积（hm²）	产量（t）
意大利	2 743	48 626
乌兹别克斯坦	3 240	42 500
以色列	1 170	27 000
伊朗	1 770	24 938
尼泊尔	316	2 846
新西兰	149	2 521
斯洛文尼亚	101	2 119

朝鲜半岛的柿分布北界大体为朝鲜平安南道的海岸地带、东海岸的元山地区，在这些地方以北仅有君迁子分布。韩国庆尚北道及全罗北道多为涩柿，近代从日本引入甜柿，在庆尚北道以南地区大量栽培。2016 年柿树栽培面积已达2.8 万hm²，超过了日本。日本南自鹿儿岛，北至青森县都有柿树栽培，但甜柿对温度要求高，主要分布于和歌山、奈良、福冈、岐阜、山形、爱知等地。巴西直到20 世纪北美向南美移民时才将柿引入，不过栽培面积迅速扩大，至今栽培面积已约2 万hm²。

从表2 可以看出，中国柿产量在逐年增加，占世界产量的比例也呈增长趋势，2016 年已占到73.46%。

表2　我国柿年产量（t）

1970	1990	1995	2000	2005	2011	2016
457 341	640 230	985 803	1 615 797	2 212 151	3 259 334	3 988 957

日本是世界上柿树育种水平最高的国家，目前已选育出200 多个品种，注册品种达143 个，其中甜柿品种197 个（完全甜柿140 个）。1991 ～2005 年日本选育出阳丰、太秋、夕红、早秋、丹秋、贵秋等甜柿品种，2007 年育选出太天、太月两个涩柿品种。目前日本国内有30 多个点可以同时做区域试验，完善的育种体系保证了经常有新品种产生。日本的育种工作已进入了分子水平，先用蜜蜂进行杂交，再利用分子标记在幼苗期检测后代中是否有完全甜柿植株存

在，这样就可以很快淘汰一些单株，节约人力、物力及财力，提高育种效率。

虽然日本的育种工作在目前处于领先阶段，但日本的甜柿品种与涩柿杂交，后代却全为涩柿，这是因为日本甜柿的自然脱涩性状受隐性基因控制，后代必须是纯合的隐性基因才能表达，只有再用甜柿进行回交，后代中才可能出现12%～15%的甜柿，所以在日本甜柿的育种还是比较困难的。中国的科学家目前正在收集分布在河南、湖北与安徽交界的大别山区原产的完全甜柿种质（严格地说，这是一个群体）100多份单株进行分析，发现它们都是不一样的，这份种质的自然脱涩性状受显性基因控制，以其做母本与任何亲本杂交其杂种一代（F1）中都会有50%的甜柿产生，这比日本的育种亲本优异得多。如果能够很好地加以利用，中国就有后来居上的可能性。

2. 我国柿栽培面积及分布情况如何？

中国是柿的原产地，也是世界上柿树种植最早、最多的国家，有2 200年以上的种植历史。全国除黑龙江、吉林、内蒙古、宁夏、青海、新疆、西藏等地以外，其他地区均有分布，其中以广西、陕西、山西、河南、河北、山东等省区栽培最多，栽培面积占全国的80%～90%，产量占全国的80%。

中国是柿树主要栽培国。由于历史上自然条件和社会因素的影响，我国柿树分布形成了明显的界线，大致位于东经102°～122°，北纬33°～40°。在分布线以北和以西的地方，柿树极为稀少，除个别小气候区外，因冬季严寒，柿树不能生长；或因海拔过高，气候变化无常，柿树不能适应；也有因高山峻岭、陡崖峡谷，交通运输不便、人民生活习惯不同而无栽培的。总之，界线以北以西的地方至今依然很少栽培。柿树的垂直分布：一般来说，在水平分布的范围内，越往北分布海拔越低，越往南分布海拔越高。如北京地区，柿树主要分布在海拔500 m以下，最高可达海拔700 m；而在四川，最高则可达海拔1 800 m。柿树的分布范围，最北以长城为界，主要分布在我国年降水量450 mm以上、年平均温度10℃以上的广大地区。

据《中国农业统计年鉴》，2015年全国柿果产量379万t，主要分布在广西、河北、河南、陕西、福建、江苏、安徽、山东等省区，其中广西、河北、河南为柿树三大主产区，产量占全国一半。陕西富平、广西恭城、山东青州、河南鲁山、河北满城、北京房山等地是我国柿子的主要产地。如河南省现有栽培面积76 729 hm^2，年产鲜柿52万t左右，栽培面积和产量均位列全国第三位，主要分布在洛阳、南阳、安阳、新乡、焦作、平顶山、三门峡等地，2012年柿饼产量约10万t。

2001年广西、河北、河南、陕西4个省区的柿果产量分别为25.56万t、22.56万t、15.41万t、8.25万t，到2015年产量分别达到97.53万t、52.26万t、51.98万t、41.53万t，分别约为2001年的3.82、2.32、3.37、5.03倍。从全国来看，1973年全国产量仅有66.06万t，到2015年则达到379.14万t，为1973年的5.74倍。2015年我国苹果、柑橘、梨、桃、香蕉等主要果品占果品总产量的比例分别为28.38%、22.57%、12.85%、8.92%和8.16%，而柿仅占果品总量的2.45%，排在第八位。

3. 我国柿产量和销售状况如何？

2016年我国柿的收获面积约占世界的91.15%，而产量仅约占73.46%。从全世界来看，巴西柿的收获面积仅约占世界的0.79%，而产量则约3.63%；意大利柿的收获面积仅约占0.27%，而产量约则占0.89%。由此可以看出我国柿虽然栽培面积大，但单位面积产量低，不仅落后于日本和韩国，也远远落后于巴西、意大利等新兴产柿国家。

就国内省区来看，由于甜柿面积的扩大，栽培已由原先的黄河流域的陕西、山西、河北、河南、山东为主，转变成现在的分布格局，南方省区近些年大幅度增加了柿（主要是甜柿）的种植面积。2015年全国有22个省区具有柿果产量，其中年产10万t以上的就有广西、河北、河南、陕西、福建、江苏、安徽、山东、广东、北京等（表3）。

表3　2016年全国各省区柿果产量

省区	产量（t）	省区	产量（t）
广西	975 276	山西	66 412
河北	522 629	云南	50 504
河南	519 801	四川	49 626

省区	产量（t）	省区	产量（t）
陕西	415 250	浙江	35 541
福建	217 964	甘肃	22 739
江苏	166 234	贵州	20 504
安徽	155 661	天津	19 420
山东	145 843	湖南	15 534
广东	138 968	江西	14 945
北京	138 791	重庆	9 111
湖北	89 757	上海	851

4. 目前我国不同的人群对柿果品质的认识如何？

种植者的收益在于能否满足消费者对高品质果品的需求。对果品质量，产业链诸环节的认识不尽一致。

生产者 多关注新品种、如何种植、如何提高丰产性等，而对消费者的反馈知道得很少。所以判断质量主要出自自身对可利用资源、知识和技能的综合反应。

经营者 追求利润，供小于求时单位利润高，对可持续市场发展考虑少。所以判断质量在一定程度上反映了消费者的需求，但也受自身能力、经验以及市场产品供求和利益的影响。

研究者 受专业要求、自身兴趣以及资助领域的影响较大。

消费者 主要凭外观等感官特性判断质量，同时也在一定程度上受收入多少、审美及商品性能的影响。

5. 目前我国柿市场流通情况如何？

价格运行情况 2012 年以来，柿果在全国出现供不应求的情况，收购价格明显上涨，以北方主栽品种甜柿次郎为例，凡是果面没有出现明显的伤痕或病斑，只要能够装满一车，来自广东、浙江、上海、北京、日本、韩国和香港的收购商，争相跑到农户家收购。若不够一车，收购商就要求农户自行把柿果送到指定地点统一装车，并给农户提供货运费和往返差旅费。收购商把收购的柿果进行分级。一级收购商再把收购的柿果批发给二级收购商。

地域品牌、注册商标、驰名商标　全国各地制定实施柿果、柿饼无公害、绿色生产等标准12个，建立标准化生产示范园27个，标准化生产面积达10多万hm^2。恭城月柿、临朐小萼子、青州吊饼、富平"合儿柿饼"、浙江"兰溪大红柿"、云南"华宁柿子"等分别在国家工商行政总局进行了商标注册，并获国家地理标志产品保护。浙江"千岛无核柿"在浙江省林木良种评审会上，被评为柿树优良品种。"茶江牌"恭城月柿（柿饼）又被评为广西名牌产品。山东临朐和陕西富平被国家林业局授予"中国名特优经济林之乡——中国柿乡"称号，是全国食品安全示范县。河北满城是国家林业局命名的"磨盘柿之乡"，湖北罗田被国家林业局授予"中国甜柿之乡"、"中国名特优经济林之乡——中国柿乡"的美誉。

二、柿品种及引种技术

1. 涩柿品种有哪些？

磨盘柿（彩图1） 又名盖柿、盒柿、腰带柿、箍箍柿、帽儿柿、大磨盘。中国原产，完全涩柿。主要鲜食，脱涩后成烘柿，汁多味甜，软食；也可制柿饼，由于含水量大，不易干燥，出饼率稍低。

仅具雌花，单性结实能力强，无须配置授粉树。幼树树姿直立，不开张，适宜的树形为变则主干形、自由纺锤形等，幼树整形注意拉枝开角，扩大水平方向上的冠层。抗逆性较强，抗旱抗寒，但喜肥水，瘠薄的山地和岗地应加强肥水管理。容易形成大小年，大年注意增加树体营养，合理调控产量，小年注意保花保果，提高产量。

富平尖柿（彩图2） 种类繁多，有升底尖柿、辣椒尖柿等，尤其是升底尖柿品种优良，营养丰富。中国原产，北方品种，完全涩柿。主要用于制饼。制成的柿饼称"合儿饼"、"白柿"，个大，红亮，霜厚，柔软，味甜，品质优良，为陕西省著名的名特产品，主要用于出口。

单性结实能力强，坐果率较高，无须配置授粉树。树势稳健，冠层开张，适宜的树形为变则主干形、开心形等。连续丰产能力较强，注意加强肥水管理，以免树体早衰。

眉县牛心柿（彩图3） 又名帽盔柿、水柿。中国原产，北方品种，完全涩柿。适宜制饼或者鲜食。柿饼的质量极优，个大，霜白，柔软，出饼率24%。鲜食脱涩后成烘柿，软食。

树势中等，适宜行株距为（4～5）m×（3～4）m。生产上适宜的树形为变则主干形、疏散分层形、开心形等。较丰产，注意加强肥水管理，培养健壮树势。

橘蜜柿（彩图4） 又名八月红、早柿、镜面柿、梨儿柿、小柿、水沙红。中国原产，北方品种，完全涩柿。最宜制饼，出饼率29%，制饼所需时间极短，柿饼上市最早，价格高。鲜食脱涩软化为烘柿，软食。

栽植密度稍大，适宜行株距为（4～5）m×（3～4）m。集约化生产适宜树形为变则主干形、开心形或者树篱形。栽培管理较为容易，稍微加强肥水管理即可获得丰产。

镜面柿（彩图5） 6倍体品种，有3种类型，早熟种名为八月黄，中熟种名为大二糙、小二糙，中晚熟种为九月青。中国原产，北方品种，完全涩柿。中熟及中晚熟种最宜制饼，出饼率29%，制成的柿饼质细，透亮，味甜，霜厚，以"曹州耿饼"、"耿饼"、"耿庄柿饼"而驰名国内外；也可鲜食，脱涩后成烘柿，软食。早熟种适宜鲜食，脱涩后成为醂柿，味甜爽口，脆食。

树势强旺，适宜行株距为（4.5～6）m×（4～5）m。生产上适宜的树形为变则主干形以及开心形。镜面柿的早熟种虽然抗炭疽病，但是角斑病、圆斑病以及柿蚧的发生较多，生产中应加强病虫害的综合防控。

博爱八月黄（彩图6） 中国原产，北方品种，完全涩柿。最宜制饼，出饼率28%，制成的柿饼颜色美观，品味极佳。鲜食脱涩软化为烘柿，软食。

树势中庸，集约化生产适宜行株距推荐为（4～5）m×（3～4）m。混栽时注意尽量减少有雄花的品种，以避免果实种子增多。易遭受柿蒂虫的危害，注意加强防治。

绵瓢柿（彩图7） 又名面瓢柿、绵羊头、绵柿、大棉柿。中国原产，北方品种，完全涩柿。最宜制饼，出饼率30%，柿饼个大，柔软，霜厚而白，浓甜，品质佳。鲜食脱涩软化为烘柿，软食。

幼树树姿直立，不开张，适宜的树形为变则主干形、自由纺锤形等，幼树整形注意拉枝开角，扩大水平方向上的冠层。有些年份由于管理水平低，易形成大小年，注意产量调控并适当加强肥水管理。

火晶柿（彩图8） 又名大火晶，西北农林科技大学园艺学院与西安市临潼区林业局从火晶柿中选育出的大果型优良单株火晶1号柿，2004年通过陕西省林木良种审定委员会认定。中国原产，北方品种，完全涩柿。鲜食专用品种，脱涩软化为烘柿，软食。

树势强旺，适宜行株距为（4.5～6）m×（4～5）m。生产上适宜的树形为变则主干形、疏散分层形及自由纺锤形。耐储藏，果实充分成熟后储藏以保持最佳风味。

仰韶牛心柿（彩图9） 中国原产，北方品种，完全涩柿。果实心脏形，肉细，纤维少，以个大、皮薄、肉细、汁多、味甜而著称。平均单果重250 g，最大的重480 g，无核或少核。鲜食品种，最宜鲜食，脱涩软化为烘柿，软食。可溶性固形物19%，其中蔗糖9.5%，单糖4.3%，果胶0.7%，单宁0.21%，水分23%，每百克含维生素C 14.02 mg。适宜鲜食，更适宜制饼，出饼率26%。10月中旬成熟，杏黄色。其柿饼质地软，糖度高，别具风味，吃起来软甜可口。

适应性强，平地、山地都可栽植，喜肥沃的沙壤土。丰产稳产，抗寒力强。集约化栽培适宜的树形为变则主干形、自由纺锤形等。大小年现象较为明显，生产中注意调控，大年合理负载，小年注意保花保果。

石榴柿（彩图10） 中国原产，北方品种，完全涩柿。果实中等，扁方形，平均重165 g。果皮橙黄色，果肉黄色，果顶尖凸四裂，形似石榴般开裂，果形优美。水分多，含糖量20%。10月下旬成熟，品质上，以鲜食为主。是我国发现的优良地方观赏品种，育种上可以作为观赏品种的亲本。

树体紧凑，栽植密度可以适当增大。不同气候和立地条件上表现出较强的生态适应性。适宜行株距为（2.5～3）m×（3～3.5）m，生产上适宜的树形为变则主干形以及疏散分层形，不宜和具雄花的品种混栽。

黑柿（彩图11） 中国原产，北方品种，完全涩柿。果实中等大，平均重148 g，最大果重180 g。心脏形，果面黑色。10月中旬成熟。该品种花、果均为黑色，非常罕见。果皮较厚，上被果粉，耐储运，采后常温下可存放30天以上，冷藏条件下可储藏3～4个月。品质极上，糖度22%，最宜软食。柿饼外形整齐，肉质透亮、细腻，味甜，糖度高，口感好。可做品质和观赏育种试验材料。

对土壤要求不严，适应性强，抗寒、抗旱，耐瘠薄，在我国柿子适生区的平地、丘陵山地均可栽培。单性结实力强。栽植密度视土壤状况、水分、管理技术而定，凡土壤肥沃、降水多、管理技术较低的地区，栽植密度宜小，以3 m×4 m为宜，反之，以（2.5～3）m×4 m为宜。树形一般采用自然开心形或主干疏层形。

安溪油柿 中国原产，南方品种，完全涩柿。育种上可以作为抗圆斑病育种的亲本。鲜食加工兼优。制饼出饼率28%，制成的柿饼纤维少、油性特别大、乌红，深受东南亚地区欢迎，为福建著名的特产。鲜食脱涩软化为烘柿，软食；也可通过二氧化碳硬化脱涩成酺柿，脆食。

树姿开张，枝条稀疏，集约化栽培密度稍稀植，适宜行株距（4.5～6）m×（3.5～4.5）m。生产上适宜的树形为变则主干形以及疏散分层形。不宜和具雄花的品种混栽，否则果实种子多。

恭城月柿（彩图12） 又名恭城水柿、水柿、柿饼，有果面粗皮和细皮两种类型。中国原产，南方品种，完全涩柿。最宜制饼柿，出饼率27%。粗皮类型果皮稍厚，果肉水分少，制饼容易；细皮类型含水量高，制饼较为困难，但是制成的柿饼肉细腻透亮、味甜无霜，出口东南亚地区深受欢迎。鲜食可通过二氧化碳硬化脱涩成酺柿，脆食。

树姿开张，集约化栽培密度稍大，适宜行株距为（4～5）m×（3～4）m。冠层低矮，生产上适宜的树形为简化的变则主干形以及开心形。坐果率不高，落花落果较为严重，生产中注意通过环剥、激素处理等措施提高坐果率。但和具雄花的品种混栽时果实有种子，坐果率高，果个大，搭配比例为1:（10～12）。注意加强肥水管理，以维持持续丰产、稳产。

永定红柿（彩图13） 中国原产，南方品种，完全涩柿。最宜鲜食，脱涩软化为烘柿，软食，或硬化脱涩成酺柿脆食。

冠层较为紧凑，集约化栽培适宜行株距为（4～5）m×（3～4）m。生产上适宜的树形为变则主干形、疏散分层形及开心形。花期通过环剥、环刻等技术措施，提高坐果率。加强柿角斑病、煤烟病以及柿蒂虫等病虫害的防治。

南通小方柿（彩图14） 又名小方柿、四丫红，中国原产，南方品种，完全涩柿。目前为我国唯一的矮生型柿资源，可以作为矮化品种及砧木育种的亲本。宜鲜食，自然脱涩软化为烘柿，软食。

冠层矮小，适宜密植，集约化栽培适宜行株距为（3～4）m×（2～3）m。生产上适宜的树形为变则主干形、疏散分层形以及开心形。果实长途运输时，用棉球蘸乙烯利混合溶液涂于柿梗部装箱即可，也可在果实上喷洒0.1%乙烯利水溶液进行脱涩，脱涩时间2～3天。加强肥水管理，以增强树势，避免早衰。

2. 甜柿品种有哪些？

中国甜柿品种

●鄂柿1号（彩图15）。又名"阴阳柿"，中国原产，完全甜柿。鲜食，无须人工脱涩脆食。

中心干强，树姿较开张，集约化栽培适宜行株距（4～5）m×（3～4）m。生产上适宜的树形为自由纺锤形及变则主干形，幼树树姿较为直立，注意采取拉枝等措施扩大树冠。果实在树上自然脱涩时易软化，注意适期采收，以保持果肉脆度。栽培管理较差时，有大小年现象，注意加强肥水管理，以保证持续连年丰产。

●宝盖甜柿（彩图16）。又名甜宝盖，中国原产，完全甜柿。鲜食，无须人工脱涩脆食。

树势强，类似于磨盘柿，集约化栽培适宜行株距（4～5）m×（3～4）m。生产上适宜的树形为变则主干形及自由纺锤形，幼树注意拉枝开角扩大树冠。冬季修剪以疏剪为主，主枝延长头及弱枝短截，连续结果的下垂枝回缩；生长期修剪以抹芽、摘心、拉枝为主。注意加强肥水管理，特别是注意加强还阳肥的施入，以保证果实品质。重点防治柿圆斑病、角斑病以及柿绵蚧、龟蜡蚧等病虫害。

日本甜柿品种

●太秋（彩图17）。又名大秋，日本原产，完全甜柿。鲜食，无须人工脱涩脆食。

树势中庸，适宜密植，集约化栽培适宜行株距为（3～4）m×（2～3）m。生产上适宜的树形为自由纺锤形、变则主干形及开心形，幼树注意拉枝开角。南方柿区第二次生理落果后，及时套袋（白色单层防水纸袋），防虫、防鸟害以及防裂果。花期放蜂或进行人工授粉，提高坐果率；须疏花疏果，每结果枝留单果。

●阳丰（彩图18）。日本原产，完全甜柿。鲜食，无须人工脱涩脆食。

树势中庸，栽培适宜行株距为（3～4）m×（2～3）m。生产上适宜的树形为自由纺锤形、变则主干形及疏散分层形，注意选留预备枝。湿度较大的南方柿区第二次生理落果后，宜套袋提高果实品质，减轻果实的环形纹。花期放蜂或进行人工授粉，提高坐果率。果实过密则疏果，适宜叶果比为20:1。

●富有（彩图19）。日本原产，完全甜柿。可以作为有性杂交育种的良好亲本，已经选育出松本早生、爱知早生等芽变品种。鲜食，无须人工脱涩脆食。

树势强健，且枝条易下垂，栽培适宜行株距（3.5～4.5）m×（2.5～3.5）m。生产上适宜的树形为自由纺锤形及变则主干形，注意通过回缩、更新等修剪措施培养健壮结果母枝。不抗炭疽病，注意加强防治。生产上按照（8～10）:1的比例配置授粉树以生产优质大果，适宜的叶果比为20:1。

●次郎（彩图20）。日本原产，完全甜柿。可以作为有性杂交育种的良好亲本，其中已经选育出前川次郎、一木系次郎、若杉系次郎等芽变品种。鲜食，无须人工脱涩脆食。

树势中庸偏旺，树姿稍直立，集约化栽培适宜行株距为（3～4）m×（2～3）m。生产上适宜的树形为自由纺锤形及变则主干形，修剪时以疏枝为主，注意保留一定比例的预备枝。单性结实率高，生产上可以不配置授粉品种，疏果后保持叶果比20:1。注意加大肥水管理，以生产优质大果。

3. 品种选择的原则是什么？

品种的科学选择及合理搭配是柿园充分发挥生产潜力，低成本获得高效益的关键之一。要求做到以下几点：

适合本地自然条件　一个品种，只有在适宜的生态条件下才能表现出应有的形状，发挥最大的经济效益，否则易造成树体早衰、病害严重等问题。一定要适地适树，不可主观盲从。

符合区划原则　每个地区都有果树发展规划。果树区划内应重点突出2～3个主要品种，规模发展，形成当地优势。在同一个小区内，栽植几个不同品种时，最好是成熟期一致，肥水和树势相近的品种，以便于管理。

面向市场的需求 在果品由卖方市场转向买方市场，靠质量求生存，以优质求效益的形势下，必须预测市场的需求趋势，发展国内外市场需求的新品种和名特优果品。

4. 引种有哪些程序？

对于确定柿树品种，最直接也最客观的方法是引入栽种，观察其对当地气候、土壤等生态因子，特别是不良条件的适应情况，以及在新的条件下产量、品质、结果时期等性状的表现，从而确定其适应范围和引种价值。不要盲目进行引种，要对引入材料进行慎重选择。

选择引入品种主要看两方面：①经济性状要求。就是说引种要有明确的目的性，比如说要解决早实丰产的问题，就可以把一些产量低、成熟晚的品种排除在外。品种的经济性状与环境也有密切关系，但一般在原产地和原分布区表现劣质低产的品种，引进新的地区后也不会变成高产优质。②对当地气候、土壤等条件的适应性。

品种类型对引入地区的环境条件的适应性，在引种前无法做出结论，应根据遗传基础、生态因子、栽培措施和引种的关系，做出比较接近实际情况的分析。这种客观分析应建立在对引种地区农业气候、土壤资源，树种或品种群对气候、土壤等条件要求的系统比较基础上。其中，农业气候鉴定是最重要的方面，主要包括：①生长期及其不同发育期内热和光资源的鉴定。②同时期内土壤和大气湿度、水分供应条件的鉴定。③越冬条件的鉴定。

总结前人引种的经验，可归纳成以下几点：

确定影响适应性的主导因子 从当地综合生态因子中找到对品种类型影响最大的主导因子，作为估计适应性的重要依据。例如，在河南山区引种，影响适应性的主导因子是夏季的抗旱性及幼树的抗寒性。

调查引入类型的分布范围 研究引入树种或品种的原产地及分布界限，对比原产地或分布范围和引种地的主要农业气候指标，从而估计引种的适应性。与引种适应性有关的气候数据比较重要，也是最常用的，包括纬度、年平均气温、10℃以上平均积温和10℃以上最高积温、1月平均气温、最低温度、最高温度、4～9月降水量、年降水量等。

分析柿中心产区和引种方向之间的关系　在影响柿生长发育和适应性的诸因子中，最重要的是温度因子。而温度条件在一定范围内随着纬度和海拔的高度变化而变化，纬度越高气温越低，随着海拔升高温度逐渐降低，柿的分布常常有纬度和海拔上的分布范围。

参考相近品种在本地的表现　引入品种在原产地或现有分布范围内常会和一些其他品种共生，表现出对相同条件的适应性，因此可以通过其他品种在引种地的表现来估计引入品种的适应性。

从病虫害及灾害经常发生地区引入抗性品种　某些病虫害和自然灾害经常发生的地区，在长期自然选择和人工选择的影响下，常形成一些具有抗性的品种类型，在选择品种时可选择抗病虫能力强的类型。

考察品种类型的亲缘系统　品种类型亲缘系统，也就是它们的系统发育条件，和它们的适应能力有着密切的关系。即使那些原产于比较温暖的南方，但亲本中有抗寒类型的品种，也会具有较强的抗寒能力。

借鉴前人引种的经验教训　应仔细调查了解过去本地或相近地区曾经引进的种类、品种和引入的表现，总结成败得失，以避免引种失败。

参考品种类型相适应的研究资料　品种具有分布广泛和品种内变异较小的特点，参考国内外有关品种适应性方面的研究资料，如越冬性、抗旱性、抗病性等对选择引种材料、估计引入后的适应性等有一定参考价值。

5. 引进品种时应该注意哪些事项？

检疫工作是引种的重要环节，特别是引种地区没有的病虫害，要严格检疫。

引入的种类、品种收到后应进行编号和登记。登记项目包括种类、品种名称（学名、原名、通用名、别名等），繁殖材料种类（接穗、插条、苗木，如是嫁接苗则需注明砧木名称），材料来源（原产地、引种地、品种来历等）和数量，收到日期及到后采取的措施，引种编号等。各种材料只要来源不同和收到日期不同都要分别编号。档案袋上采用同样的编号，把引入时有关该种类、品种的植物学性状、经济性状、原产地气候条件特点等记载说明资料装入备查。

繁殖材料的引入应尽可能进行实地调查搜集，便于查对核实，防止混杂，便于做到从品种特性表现比较典型、无慢性病虫危害的优质株上采集繁殖材料。

从引种试验到生产上大量繁殖推广，要根据引入品种的表现，同时考虑生产上的需要做出决定。大体上分为少量引种、中间繁殖和大规模推广3个阶段。少量引种后，可在土壤及小气候比较复杂的山区进行试栽。在试栽品种结果后，可以选择适应性及经济性状表现较好的品种，进行控制数量的生产性中间繁殖，对其适应性做进一步的考察研究。中间繁殖材料品种进入结果期，少量引入的品种已经进入结果盛期，经历了周期性严格考验。这时便可对表现优异的引进品种组织大量繁殖推广。

从少量引种到大量繁殖推广，应坚持既积极又慎重的原则。处于树种分布的边缘，可能会有周期性的灾害，应特别慎重。一些地区或对一些品种发展数量不大，在取得必要的引种鉴定资料后，也可以酌情免除中间繁殖阶段，直接进入推广阶段。

6. 加速引种鉴定的过程有哪些方法？

高接法 在引入品种少量试栽的同时进行高接，促进提前结果鉴定。高接情况下，品种间相对适应能力的强弱，可以反映引入品种能否在当地采用高接的方法用于生产。

对比法 就是选择对当地环境条件基本适应、符合要求的品种作为对照品种，进行对比性观察和分析。引入品种在一般和轻灾害年份受害程度比对照轻微，就可以大体上判断在重灾年份它们的受灾程度也不至于超过对照品种。

7. 如何区分真假柿苗？

由于许多果农对日本柿特性不甚熟悉，购苗时要仔细辨别真假柿苗。不但要观察地上部分，还要观察根系。

甜柿苗木叶片平展或上竖，稍有光泽；节间较短、有节处曲折不明显，苗木较顺直；皮孔多，较为明显。而涩柿苗叶片下垂，具有皮革一样的光泽；节间较长，有节处曲折现象明显，皮孔少，不明显。甜柿苗木生长势比涩柿弱。

甜柿苗木之间的辨别 次郎、前川次郎、一木系次郎嫩叶呈淡黄色，嫩叶不带红色。次郎和前川次郎节间微弯，皮孔平，手摸有绒布感，侧视芽呈三角形，鳞片无鳞，叶缘波状，叶脉深凹。

富有、松本早生、上西早生等富有系列品种嫩叶呈黄绿色，嫩叶不带红色。富有、松本早生下部叶呈勺形，节间弯，皮孔大而明显，微红，手感粗糙，侧视芽呈三角形，鳞片有棱。

伊豆、花御所、西村早生嫩叶微带红褐色，叶柄带红色。其中伊豆叶大，卵圆形，两侧微内折，叶背有淡黄毛。花御所和西村早生叶较小，椭圆形，两侧内折成沟，叶背有白毛。花御所叶缘平直。而西村早生叶缘波状，枝灰黄色，分枝较多，副芽发达，叶痕凹。

赤柿、禅寺丸、骏河嫩叶微带红褐色，但叶柄不带红色。其中赤柿叶长椭圆形，淡黄色。禅寺丸叶长卵圆形，叶小、浓绿色、两侧微内折，节间短，皮孔不凸，叶长，落叶前紫色，叶痕灰白色，芽平。禅寺丸属不完全甜柿。骏河叶卵圆形，叶大，叶色呈浓绿色，两侧内折成沟，树势强健，幼树树姿较直立，枝条细短，分枝少，皮孔清晰。

砧木根系的辨别　目前甜柿多采用君迁子砧和栽培柿、野柿等共砧。君迁子砧根系较浅，侧根和须根发达，因而较抗旱、较耐瘠薄，且耐寒能力较强，与涩柿和部分甜柿品种嫁接亲和能力较强，但与有些甜柿品种，尤其是富有系品种嫁接亲和力较差，因而这些品种不能选用以君迁子做砧的嫁接苗，而要选用共砧嫁接苗。以栽培柿或野柿做共砧，与主要甜柿品种嫁接亲和力强，且较耐湿，但耐寒性较弱。此外，共砧主根发达，但侧根和须根较少，苗木移栽后缓苗期长，成活率低。因此要根据不同品种和不同气候条件选择砧木。长江流域及其以南的柿产区通常采用共砧。砧木根系的鉴别方法是：将根系切断后切口呈淡黄色、变色慢的为共砧，切口为深黄色、变色快的则为君迁子砧。此外，将根系切碎后浸泡于水中，浸出液呈黄色的是君迁子砧，呈暗褐色的为共砧。这些特点可以作为鉴别砧木的依据

三、影响柿生长发育的环境因素

1. 影响柿生长发育的环境因素有哪些？

柿是深根性树种，又是阳性树种，喜温暖气候，充足阳光和深厚、肥沃、湿润、排水良好的土壤。适生于中性土壤，较耐寒，也较耐瘠薄，抗旱性强，不耐盐碱土地。喜湿润，也耐干旱，能在空气干燥而土壤较为潮湿的环境下生长。忌积水，不喜沙质土。根系强大，吸水、吸肥力较强，适应性强，抗污染性强。潜伏芽寿命长，更新和成枝能力强，而且更新枝结果快、坐果牢、寿命长。多数品种在嫁接后3～4年开始结果，8～10年进入盛果期，实生树则6～7龄开始结果，结果年限在百年以上，经济寿命可达300年。

柿对温度的要求比较严格，高温与低温均不利于树体生长和果实高品质。年平均温度10℃以上的地区方可栽培，一般生长期适宜温度为17℃以上，果实成熟期适宜温度20～26℃。土壤相对湿度要求30%～40%。

2. 柿生长发育对温度条件有哪些要求？

温度是决定柿分布的主要因素。柿性喜温暖，但也较耐寒。涩柿在年平均温度9～23℃的地方都有栽培，以年平均温度11～20℃最为适宜。在这个范围内，冬季无冻害，夏季无日灼，花芽容易形成，生育期长，果实品质优良。低于9℃，柿难以生存，在年平均温度接近9℃的地方，萌芽迟，休眠早，生育期短，果小，味淡，产量低，冻害频繁。年平均温度20℃以上，由于温度高，呼吸作用旺盛，影响糖分积累，果面粗糙，品质不佳。当果面温度超过42℃时，容易引起日灼。

甜柿对温度的要求较涩柿更高，对年平均温度的要求比涩柿要高出3℃左右。王仁梓研究结果，甜柿分布的北界应在年平均温度13℃的地方，≥10℃的有效年积温5 000℃以上，如9～10月温度低，则果实不能自然脱涩。休眠期需要低温，生长期需要较高温度。萌芽期温度应在5℃以上，根系开始生长为13～15℃，枝叶生长需要13℃，开花期17℃以上，果实发育期为23～26℃，成熟期为12～19℃。

一般冬季在-16℃以上时柿不会产生冻害，而且能耐短时间-20℃的低温，但在春季发芽之后，抗寒力降低，特别是怕寒流的突然袭击。根据有关史料记载，1929年末1930年初陇东地区大寒，温度降低至-25℃（正常年份如1958～1970年绝对最低温度为-17.2℃），柿树大部分冻死。2001年4月7～9日3天甘肃陇东南大面积范围内遭受晚霜和寒流的袭击，温度降至-10℃，当时正值大部分树种展叶、开花，天水柿产区范围内的柿树，包括大龄树，叶片全部被冻干，顶芽被冻死，新梢芽均不同程度地受到冻害。在遭受冻害后，重新展叶期也不一致，如火晶柿、甘泉大棱柿两个品种受冻4～5天后重新展叶，而七月早、西村早生等品种7～9天后才重新展叶。这说明不同品种对低温的反应各不一样，气温恢复正常后，展叶反应也不一样。因此，在冬季要通过越冬前灌水、基部培土、树干涂白等措施对幼树进行越冬保护，增强对低温的抵抗能力。

3. 柿生长发育对光照条件有哪些要求？

柿为喜光树种，在一定的光照强度范围内和25～31℃气温条件下，光合强度随光强增加而提高。光照与同化作用有密切关系，对果实品质和产量的影响极大。据山东农业大学测定，柿树光补偿点为9 001 1x，在这个点以上，光合强度随着光照强度增加而增加，但是，当光照强度增加时叶面温度相对提高，从而促进呼吸作用，使有机养分消耗加快。通常温度升高时，呼吸强度增加的速度比光合强度的增加快，这样，净光合强度（光合强度-呼吸强度）相对减少，对积累养分不利。柿最佳的光照强度为64 000 1x，相当于夏天上午8～9点的太阳光照强度。

对树体来说，树冠外围较内膛光照充足，有机养分容易积累，碳氮比相对较高，因此花芽容易形成，萌生的结果枝较多，坐果率较高，果实发育良好，风味浓。相反，内膛光照不良，有机养分积累不多，碳氮比相对较低，花芽形成少，结果量少，也容易脱落，且枝条细弱，容易枯死，结果部位逐年外移，易形成"伞形结果"。栽植过密时，相邻树冠密接而郁闭，枝叶互相遮蔽，下部通风透光不良，结果部位仅在树冠顶部，因此，应注意栽植距离、修剪及其他栽培管理措施，尽量提高柿树的受光量，使其上下、内外立体结果。日照不足，枝条发育不充实，碳氮比下降，花芽分化不良或中途停止，花量少，坐果率低。花期和幼果期阴雨过多，生理落果严重。

光照对果实品质也有一定影响，特别是从着色开始至成熟时期，光照充足，光合作用顺利进行，有机养分积累增加，含糖量高，着色好；相反，光照不足，含糖量显著降低，着色不良。

4. 柿生长发育对土壤条件有哪些要求？

土壤因气候、地形、成土母质、土层深度、地下水高低等原因，物理和化学性质不同，对肥、水的保持能力和通气性也不一样。柿树根系强大，能吸收肥水的范围广泛，所以对土壤选择不严，无论是山地、丘陵、平原、河滩、肥土、瘠地、黏土、沙地都能生长。为了获得高额产量和优质的果品，维持较长的经济收益时期，最好在土层深度1～1.2 m以上、地下水位不超过1 m的地方建园，尤以土层深厚、保水力强的壤土或黏壤土最理想。土壤过于黏重，雨后经常板结，土壤中空气含量甚少，会妨碍根系呼吸作用的正常进行，对生长不利。纯粗沙地过于瘠薄，肥水保持能力又差，很难生产优质果品。土壤酸碱度在pH 5～8范围内，都可栽培，但以pH 6～7生长结果最好。土壤中含氯离子和硫酸根离子较多的盐碱土，对柿树生长不利。柿树对地势的要求也不严，无论在山地、丘陵地、缓坡地、平地、庭院均可栽培。在丘陵山地建园，土层厚度不低于60 cm，坡度25°以下，并避开雹灾易发区、有害风顺向的沟谷、冷空气容易滞留的低洼地以及风力较大的山脊。

一般来说，君迁子砧稍耐碱，柿砧稍耐酸。我国北方多用君迁子作为砧木，适于微酸性至微碱性土壤；南方多酸性土，多用当地半野生柿作为砧木，能适应酸性土壤。

5. 柿生长发育对水分条件有哪些要求?

水分是树体和果实的主要组成成分，在新陈代谢过程中起着重要作用，是体内各种生理活动不可缺少的物质。柿树从根部吸收的水分，用于合成碳水化合物的仅占2%～3%，其他都从叶片蒸腾到大气中。柿较耐旱，一般年降水量在500 mm以上且分布均匀时，不需灌溉。甜柿对水分的要求比涩柿高，要求年降水量在700～1 200 mm。柿树有一定的耐涝能力，但长期积水或地下水位过高也生长不良。因此在南方梅雨期及北方雨季应注意排水，而在干旱地区要及时进行灌溉，以利果实生长。

柿树根系分布深广，并能在土壤中均匀分布，根毛长，吸附力大，根与茎的输导组织特别发达，因此，弥补了渗透压低的缺点，使成年柿树表现出抗旱、耐瘠薄的能力，在年降水量450 mm以上的地方，一般不需灌溉。但是，由于根的细胞渗透压较低，生理上并不抗旱，所以抗旱能力仍有一定限度。据测定，根系在土壤含水量16%～40%时都能产生新根，24%～30%时发生最多，但当土壤含水量低于16%时新根不再产生，并且果实也停止生长。根系吸水与地上部蒸腾失水出现不平衡时，也会严重影响柿树的生长发育。根部吸水多少与土壤含水量有关，正常生长的柿树处于土壤含水量在持水当量至饱和这一范围内，土壤含水量越高，吸水越容易，地上部分生长越快；土壤含水量在持水当量以下，蒸腾大于吸水，叶子萎蔫，若不及时灌水，则叶尖发黄，果实停止发育，甚至大量落叶、落果。在幼树期，在强大的根系形成以前或苗木移栽时不耐干旱，因此，在移栽过程中应尽量保护根系，切忌根部干燥。移栽后，因根部大大缩小，吸水能力降低，为了维持水分平衡，应将地上部分适当回缩，保持土壤潮湿，旱时应及时灌水。

6. 影响柿生长发育的其他因素还有哪些?

微风、小风都有利于柿园和树冠的空气流通，大风则能折断嫩梢、大枝，甚至将成熟果实的果面磨黑而影响商品价值。生长期中经常刮风时，树体易偏斜，且迎风面果少。故栽培时应避免在风口建园。

冰雹虽是在局部地区发生的灾害，但危害不小，轻则打碎叶片，打断细枝，砸伤或砸烂果实；重则使枝干上伤痕斑斑，难以愈合，树势显著衰弱。因此，有冰雹危害地区，不宜选作生产基地。

四、柿育苗技术

1. 柿树砧木有哪些？其特点及选择方法有哪些？

柿树的砧木有君迁子（图1）、实生柿、油柿、野生柿、浙江柿、老鸦柿等，但最常见的是君迁子、实生柿、油柿。研究表明，不同砧木的果实、种子、出苗率、幼苗形态和砧苗生长特性表现出明显差异。砧苗年生长呈现明显的规律变化，利用6月下旬至7月上旬、8月中旬至9月中旬出现的生长高峰加强肥水管理，同时选择肥沃的苗圃地育苗，能培育出粗壮的苗木（图2）。

图1 君迁子

图2 柿成苗

君迁子 君迁子在北方分布广，种子多，易采种，播种后发芽率高，根系生长快，根毛寿命长而发达，抗寒、抗旱、耐瘠薄。因根系浅，在地下水位高的地方叶子发黄，不耐湿热，因此在南方一般不用。

君迁子与涩柿品种嫁接亲和性均好。在与甜柿品种嫁接时，次郎系品种、西村早生以及我国的罗田甜柿等嫁接亲和力均强，但与大部分富有系品种嫁接时亲和性较差，在接后数年内能正常生长，若管理不当，以后逐渐衰弱或枯死。君迁子结果量大，果实小，种子多。每个果实中有种子6～8粒，1 kg鲜果约有种子1 200粒。播种后出苗率高，且出苗整齐，生长快，当年便可达到嫁接粗度。根系发达，容易分歧，细根多，移栽后容易成活，缓苗也快，比柿砧耐寒。

实生柿 实生柿是我国南方的主要砧木，对于一些与君迁子亲和力不好的甜柿，如大秋、早秋可以选作砧木。实生柿果实小，品质差，种子多，播种后出苗率低，且生长缓慢，主根发达，侧根少，为深根系性砧木，耐湿、耐旱，适应温暖多雨地区生长。

油柿 油柿，在江苏和浙江的部分地区作砧木用。根群分布浅，细根多，对柿树具有矮化作用，能提早结果，但树体寿命短。

2. 如何进行砧木的鉴别?

已经嫁接好的柿苗，鉴别砧木是君迁子砧还是柿树砧，可以这样做：①比较根系。细根多的是君迁子砧，细根少的是柿树砧。②看根的断面颜色。由淡黄色不久便变为深黄色的是君迁子砧，淡黄色变色不深的是共砧。③看根的浸出液颜色。将根切碎后，浸泡水中，浸出液呈黄褐色的为君迁子砧，暗褐色的是共砧。④用试剂测定。在根系浸出液中，滴入氢氧化钾溶液后，呈红色的是君迁子砧，暗红色的是本砧；滴入乙酸铜饱和液后，呈淡红色的是君迁子砧，紫红色的是本砧。

3. 如何进行种子的采集?

君迁子种子（图3）卵状椭圆形，嫩黄褐色，通过立体解剖镜观察，表面胶脂质反光，具不规则胶丝状纹理。种子长11～15 mm，宽8 mm左右，弧形一侧厚1～2 mm，另一侧渐薄，0.5～1 mm，种孔端厚约0.5 mm，且疏松透明，种脐长约1.8 mm，宽为0.3 mm，表面略粗糙，周围种皮略淡。作砧木用的种子应采自充分成熟的果实。选择生长健壮、丰产性强、无病虫害、抗逆性强的植株作为采种母树，采集中注意保存种质资源的完整性。

图3　君迁子种子

4. 采集后的种子应该如何处理?

一般于10月下旬至11月上旬采集充分成熟的果实，搓去果肉，用水冲洗干净，或堆放使之自行腐烂，用水淘洗干净，种子阴干后在封冻前进行层积处理。第二年3月播种，但要注意层积中湿度不宜过大，以防种子霉烂。也可将阴干的种子在通风干燥处干储。阴干的种子应进一步精选，清除杂物和破粒，使纯度达到95％以上，然后进行沙藏。冬季没有经过沙藏处理的种子，应放在通风干燥处储藏，到春季播种前，需用水浸种催芽，以提高发芽率。

5. 如何对种子进行沙藏?

种子沙藏（图4），选一地势高燥、背阴的地方挖沟，沟深60～80 cm、宽60～90 cm，长度以种子多少而定。沟底先铺一层10 cm厚的湿沙，然后用种子与湿沙相间层积，或将种子和3～5倍的湿沙混匀后存放沟内。注意沙不能太湿，以手握成团一触即散为度。当堆放到离地面约10 cm时，可用湿沙将沟填

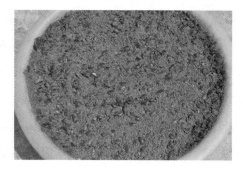

图4　君迁子种子沙藏

平，再用土培好并高出地面30 cm左右，最好于沟的中间插埋一捆秫秸，以利通气。沟两侧应设排水沟，或用农膜遮盖，以防雨水渗入沟内。最后，给沙堆盖上草帘，微通风，记录沙藏时间及各项指标并定期检查。另外，沙藏前必须拣出坏种子。

6.如何进行浸种催芽？

浸种催芽有缩短种子萌发时间，促进出苗，使出苗整齐的作用，浸种也常与种子消毒结合起来进行。冬季没有经过沙藏处理的种子，应放在通风干燥处储藏，到翌年春季播种前用水浸种催芽，以提高发芽率。常用的浸种方法是，在清洁的小盆或大碗内，装入50～55℃温水，水量为种子体积的5倍，将种子浸入并不断搅拌，待水温下降至30℃时停止搅拌，再浸泡8～12 h，使种子吸足水分，然后沥干水分，用纱布包好，外面再包上浸湿的麻袋片或毛巾，置盆钵内进行催芽。这种方法称为温汤浸种，有杀菌作用。第二种方法可以将种子用清水浸泡5～6 h，再放入1％硫酸铜溶液中浸泡5 min或用福尔马林（37％～40％甲醛)150倍液浸泡15 min，然后捞出，用清水洗净催芽。这种方法可防止炭疽病和疮痂病。第三种方法是将种子在清水中浸泡4 h，捞出后再放入10％磷酸三钠溶液中浸泡20～30 min，也可用2％氢氧化钠溶液浸泡15 min，用清水洗净后催芽，这样做可使种子上病毒的活性钝化。

7.如何对苗圃进行整地？

应选择土壤肥沃疏松、地势平坦、有排灌条件的地块作苗圃。播种前须进行细致整地（图5），施足基肥（图6～图8），施肥量宜根据土壤条件、出圃年限、苗木密度等因素确定，一般每亩施圈粪3 000 kg左右。为增加基肥有效成分，可同时混入硫酸铵、过磷酸钙、草木灰等以提高肥效。对土壤要进行深翻细耙，增加活土层，一般深翻以25～30 cm为宜。翻耕耙平后便可整畦，北方宜做平畦，南方多雨宜做高畦，一般畦长10～15 m，宽1.5 m。每畦播种4行，最好采用宽窄行，行距为30 cm和50 cm，以方便嫁接。条播，沟深3～6 cm，覆土厚度为2～3 cm，为种子的2～3倍。底墒不足或播已发芽的种子，应先用水冲沟，待水下渗后进行播种、覆土。可用草或地膜覆盖，以保持湿度，防止土壤板结，并可提早发芽。为了防止地下害虫，可喷施呋喃丹、敌百虫等农药。

图5 苗圃整地

图6 农家肥

图7 生物有机肥

图8 复合肥

8. 何时进行播种？

一般在春季和秋季播种。春季播种一般在3月下旬至4月上旬，秋季播种在11月中旬左右。为了倒茬，也可在夏收后播种，但必须在苗期加强肥水管理。要求在土壤结冻前将种子播下。秋季播种省去了种子沙藏的工序，可提前几天发芽，适用于山区或旱地。

9. 如何进行播种？

按行距20 cm、50 cm宽窄行条播，行宽10 cm，播深2～3 cm，覆土厚度1～2 cm，再覆草或落叶，保持土壤湿度，防止板结。若用地膜覆盖效果更好，并能加快出土。播种量一般约10 kg/亩，与种子大小和栽植密度有关，可按下面公式计算：播种量= 总面积/ 单位面积播种粒数×1 kg 种子数；单位面积播种粒数= 单位面积留苗数/ 发芽率×成苗率。播种后床表盖稻壳1 cm 厚，向上喷水，浸湿土层6 ～8 cm，每7 ～10 天喷1 次，15 ～20 天后出苗。出苗后苗床罩透光度为50％的遮阳网，到7 月下旬撤网。生长季节及时除去床面杂草，及时防治食叶害虫。

10. 如何进行苗期管理？

秋季播种的，如翌年春季土壤较旱，可适量浇水，浇水时最好进行"偷浇"或喷灌。春季播种种子出土前切忌灌水，如土壤干燥，可在傍晚时喷水增墒。当幼苗长出2 ～3 片真叶时(5 月上中旬) 可进行间苗，间去过密苗、劣小苗和病虫害苗，间下的苗可带土移至稀疏处补苗，半月后再间1 次，留苗间距10 ～15 cm 为宜，同时用移苗铲切断主根，促使发生侧根。定苗后要立即用小水浇1 次。当苗高达10 cm 以上时开始追肥，全年共追2 ～3 次。一般每亩施硫酸铵15 ～20 kg 或尿素5 ～10 kg。后期可施入一些速效磷、钾肥，以促进苗木木质化，提高抗寒能力。注意及时防治病虫害。一般在第二年春季进行嫁接。计划当年嫁接的砧木苗，应在苗高35 cm 后摘心，迫使苗木增粗。当苗高60 cm 而地上苗径不足0.6 cm 时，可在芽接前20 天左右摘去嫩尖或扭梢。摘心不宜过早，以免影响生长。移栽不久的砧木苗虽能嫁接，但生长不旺，与未移栽的嫁接苗高度相差一倍以上，最好待来年再接。

11. 影响嫁接成活的因素有哪些？

嫁接时间 枝接和带木质部芽接宜在春季3 ～4 月砧木树液流动至展叶时进行。芽接春夏秋均可进行，可根据砧木、接芽的生长发育状况等确定适宜的芽接方法和时间，以砧木和接穗都离皮、形成层活动旺盛且取芽方便时为宜。另外，嫁接一定要选择晴天进行，在上午9 点至下午4 点嫁接成活率最高。

嫁接操作技术 柿含有单宁，极易氧化形成隔离层，所以不论枝接或芽接，技术都要熟练，动作要迅速。

保水措施 北方春季易干旱多风，所以枝接时最好用塑料薄膜将接穗全部包裹或将接穗进行蜡封，以防失水。

接穗选择 芽接或枝接均应选择粗壮、皮部厚而富含营养的新鲜接穗。芽接时削的芽片要绑缚紧些。近年来，带木质部芽接较多，成活率高。芽接时接芽要扎紧，特别注意芽下部位要紧贴木质部，以防芽的四周皮层成活而芽枯死。

12. 如何采集优良接穗？

春季嫁接用的接穗，在落叶后至萌芽前都可采取，但以在深休眠期采集的接穗储藏养分最多、最好。实际采集中应注意：①采用1年生的枝条，避免使用较老的枝条。②采集接穗时选择品种纯正的植株。③生长健壮而充实的发育枝或结果母枝可用作接穗，徒长枝不能用作接穗。④充实饱满，要采用树冠上部的充分成熟与硬化的枝条。⑤接穗要从已结果的树上采集。⑥接穗采集的树体必须无病虫害。

13. 如何对接穗进行储藏？

储藏接穗一般采用沙藏与蜡封两种方法。

沙藏 采回后，在冷凉不积水的地方挖坑沙藏，储存备用。沙藏时坑的大小视接穗多少而定，坑深50～60 cm。挖好后在底部先铺一层河沙，再将接穗50～100枝扎成一把，平放沙上，依次排列，排满一层，薄薄地盖一层沙，再放一层接穗，再盖一层沙，如此重复直至放完接穗。接穗放完后上面覆盖10 cm厚的沙层，再盖一层农膜，以防雨水渗入。在温度较高，空气不过于干燥的地方，也可露头斜插。要用干净的纯沙，湿度适当，以手感潮润握不成团为宜，太干接穗容易失水，太湿接穗容易沤黑而失去生机。

蜡封 储存用的接穗剪口用蜡封闭后沙藏效果更好，也可全枝蜡封后存于冷库备用。蜡封时先把接穗剪成10～15 cm长的小段，每段上有2～3个饱满芽，将市场销售的工业石蜡切成小块，放在铁锅或铝锅、罐头筒、易拉罐等容器内加热至熔化。蜡液中插入温度计，当石蜡液温度达到100 ℃左右时，将接穗的一端在蜡液中快速浸蘸后立即取出，而后再倒过来将另一端的剩余部分快速蘸蜡后立即取出，这样整个接穗便附上了一层薄而透明的石蜡层。对蜡液的温度要严格控制，温度过高会烫伤接穗，过低则蜡膜过厚易脱落。为了使蜡液保持100℃的温度，可以在其中放入少许水，由于水蒸发时吸热，使温度不会增高，但要注意不能使接穗接触到蜡液下面的高温水，以免影响蜡封质量。开春嫁接前，气温回升，接穗容易萌发，最好移入冰箱或冷库中保存。

14. 接穗运输过程中有哪些要求？

接穗如需运至远方，可将封过蜡的接穗捆成小束，标明品种，外用塑料薄膜包裹。若未用蜡封过的接穗，两头填充少量湿锯末、珍珠岩或蘸湿的卫生纸，外面再用塑料薄膜包裹，以防途中干燥，但填充物的湿度不宜过大，而且最好喷药杀菌，以防途中发霉。

15. 如何检查储藏后的接穗是否能够嫁接？

嫁接前要对接穗进行检查，接穗抠开表皮后呈绿色，抠下饱满芽后基部呈绿色，削开木质部有潮湿感，表示接穗正常。如果抠去表皮后，绿皮层变黑褐色，木质部有黑丝，接芽基部呈黑褐色，表示接穗已失去活力。如果木质部有点干，需将接穗插在水中使其吸水催活。已发芽露白的接穗仍可以用，如果接穗的芽已变绿，只要砧木已发芽而接近展叶的也能接活。如果木质部有黑丝，而表皮下的绿皮层和芽基部仍呈绿色的也可嫁接，但成活率稍低，在接穗不足时，不妨应用。秋季嫁接，应采已由绿变褐的壮枝作接穗，剪去叶片，保留叶柄，因不能久储，最好随接随采。从外地引入的接穗，要认真检查有无病虫带入，最好进行消毒、杀虫。

16. 不同嫁接时期有何特点？

根据柿物候期决定嫁接时间比较科学，一般春季柿芽萌动（芽尖露白）至发芽（柿芽变绿）是嫁接适期，展叶离皮后是皮下接的适期，秋季树液停止流动之前为嫁接适期。

春季嫁接　接穗采集时间长，从落叶后至萌芽都可采集。接穗容易保存和寄运，利用率也高。嫁接时不冷不热，接起来方便、轻松，速度快，成活率高，当年可以出圃。但不成活的苗，补接后当年较难出圃，若补接别的品种容易造成品种混乱。

秋季嫁接 接穗采集时间短，不宜保存和寄运，最好随采随接。嫁接时因叶片遮挡视线等原因，嫁接工作辛苦且速度又慢。但不成活的苗，第二年春季还可以补接，补接后可以与上年接的同时出圃。

夏季嫁接 采用热黏皮法，因所用接芽为结果母枝基部的隐芽，花蕾损失太大，接穗难采，也不易保存，又因天气炎热，切面容易氧化，产生隔离层，较难愈合，嫁接工作要求速度快，技术难度大，成活率低，除个别零星的地苗用当地接穗进行嫁接外，一般不宜采用。

17. 芽接的方法有哪些?

芽接包括木质部芽接、方块芽接、丁字形芽接。苗圃中多采用带木质部单芽嵌接，嫁接快，省接穗，成活率高（图9）。

图9 嫁接芽苗

18. 如何进行带木质部芽接?

带木质部芽接（图10），将砧木距地面约30 cm处剪断。削取接芽时倒拿接穗，在饱满芽上方0.8～1 cm处向下斜削一刀，深入木质部，由浅入深向下削成2.5 cm的长削面，再在芽下方1.2 cm处削成一短削面，然后在砧木距地面约10 cm光滑处，用刀由浅入深削成与接芽芽片大小相等的切面，迅速将接芽片插入砧木切口，使两者形成层对齐，为使伤口易于愈合，接芽片顶端砧木上露0.1～0.2 cm的切面，如砧木稍粗，砧木切面比芽片宽时，可对齐一面的形成层。砧木的短切面最好与接芽片的短削面相吻合，使芽片正好嵌入其中，立即用塑料条绑扎严紧，露出接芽，以免影响萌芽生长。缠塑料条时，要由下往上一层压一层，螺旋形缠紧，以免雨水渗入，影响成活。

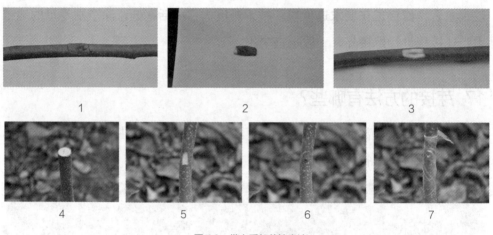

图10　带木质部芽接方法

19. 如何进行方块芽接？

　　一般采用双刀片嫁接。双刀片的制作方法为：用两个切纸刀或单面刀、削铅笔小刀固定在木块的两侧，木块要求长12 cm、宽1.1 cm。选用当年枝条下部已木质化变为褐色部位的芽子，用特制的芽接刀卡在芽的上下各1 cm处，再用一侧的单刀在芽的左右纵割一刀，深达木质部，芽片宽1.2～1.5 cm，或用双面刀纵割一刀，取下纵横等长的芽片。取下接芽含在口中，在砧木苗距地面约5 cm光滑处，按芽片大小同样切下一块表皮，迅速放上接芽，使其上下和一侧对齐。用塑料条从对齐的一方开始，由下而上绑缚即可（图11）。

图11　方块芽接方法

20. 如何进行丁字形芽接？

嫁接时，砧木切成丁字形口，故称"丁字形芽接"。用芽接刀在芽上方0.5～0.8 cm处横切一刀，深达木质部，再在芽下方约14 cm处向上斜削一刀，直至与横切口相遇，便取下一个盾形芽片去掉木质部，把芽片含在口中或等削好砧木后再取芽。在砧木距地面约5 cm的光滑处，横切一刀，从刀缝中间再竖切一刀，便成一丁字形的切口。用刀尖拨开丁字形口的一条缝，插入芽片，使芽片横切口与砧木横切口对齐，再用塑料条自下而上将切口缠严，只露出芽与叶柄即可（图12）。

图12　丁字形芽接

21. 枝接有哪几种方法？

枝接主要有插皮接、皮下接、劈接、切接和腹接等方法。枝接适于较大砧木，早春树液开始流动而芽尚未萌发时嫁接。枝接所用接穗在嫁接前均需蜡封。

22. 如何进行插皮接？

在砧木离皮后进行，于距地面8～10 cm光滑处剪或锯断，从一侧竖割皮部约2 cm长，深达木质部。用刀尖拨动纵缝上部，使上方皮略翘起，以便于插入接穗。先将接穗削一个约3 cm长的斜面，切削时先将刀横切入木质部约1/2处，而后向前斜削到先端。再在接穗的背面削一个小斜面，并把下端削尖。接穗插入部分的厚薄，要看砧木的粗细而定。当砧木接口粗时，接穗插入部分要厚一些，也就是说要少削掉一些。反之，砧木接口细时，接穗插入部分要薄一些。这样可使接穗插入砧木后接触比较紧密。在选择接穗时，粗砧木要用较粗壮的接穗，细砧木要用较细的接穗。接穗的削面上部一般留2～3个芽。迅速将接穗插入，微露木质部，用塑料条扎紧即可（图13）。

图13　插皮接

23. 如何进行劈接？

劈接法（图14）多在砧木较粗时采用。一般选用1年生健壮的发育枝作接穗，在春季发芽前进行嫁接。砧木在6 cm 以上时，宜在距地面60～100 cm 的主枝上截干，采用高接；砧木干粗3～6 cm 时，多在距地面6～10 cm 处截干，采用低接。一般每段接穗上留3个芽，在下端两侧各削一个3～5 cm 的大削面，形成楔形。砧木较粗，因夹力大，不好插接穗时，劈开砧木后可先插入一个小木楔，把劈口撑开，然后立即插入接穗，再轻轻撤掉木楔，用塑料条扎好接口即可。要注意将两者形成层对齐，让接穗削面上边露出约0.3 cm，以便于接口愈合。据试验，接前配制适量4％～6％白糖溶液，嫁接时将嫁接刀先蘸取白糖液，削好接穗后随即浸入白糖液中，在削好砧木时取出接穗嫁接，可有效提高嫁接成活率。

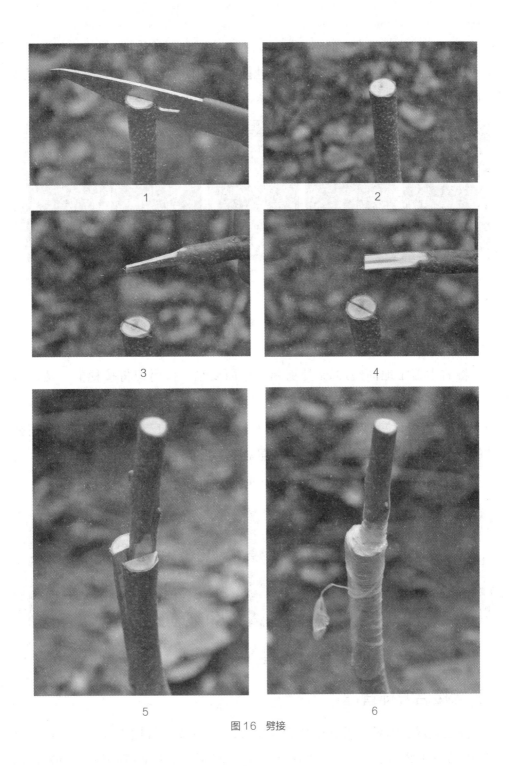

图16 劈接

24. 如何进行切接?

多在砧木较细时采用。像劈接一样也分为高接和低接。在适宜嫁接的部位将砧木切断，截面要平，然后用切接刀在砧木横切面的约1/3处垂直切入，深度应稍小于接穗的大削面，迅速将接穗按大斜面向里、小斜面向外的方向插入切口，使接穗形成层和砧木形成层贴紧，然后用塑料条绑紧（图15）。

图15　切接

25. 如何进行腹接?

将砧木苗距地面约10 cm处剪断，截面要平。再用刀将接穗的一侧削成1～1.5 cm的小削面，每段接穗留2～3个芽，从上方芽以上0.5 cm处剪断。在砧木的嫁接部位用刀斜着向下切一刀，深达砧木的1/3～1/2处，迅速将接穗的大削面插入砧木削面里，使形成层对齐，用塑料布包严即可（图16）。待10天后需将芽附近的塑料布破一小口，以便芽好钻出。

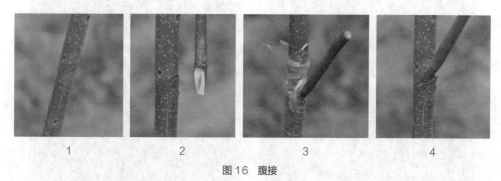

图16　腹接

26. 嫁接后怎样管理?

检查成活、解绑、剪砧和补接　接后15～20天即可检查成活情况，对未成活的苗木及时补接；对已成活的苗木，当接芽长出20 cm左右时，可解去塑料捆绑条。春季带木质部嵌芽接的苗木，应在嫁接后立即剪去上部的1/3～1/2或距地面40 cm处剪砧，待接芽抽出5 cm左右时，再将砧木剪完。

抹芽 除萌剪砧后，从砧木基部容易发生大量萌蘖，须及时多次地抹芽，以免和接芽争夺养分。接后除萌蘖时应将培土扒开，以防伤及接苗。高接的树所生萌蘖不宜及早除掉，应摘心控制生长，使其辅养树体。

苗期管理 在柿苗生长前期，抽梢较快，氮肥需量较高，应多施氮肥。全年共施3～5次。后期为提高苗木的木质化程度，提高抗寒能力，以施磷钾肥为主，在白露至霜降之间，每隔10～15天喷一次10%草木灰浸出液或0.3%磷酸二氢钾溶液。

为了使苗木生长充实，增加抗寒性，7月以后应控制肥水。在结冻前浇一次透水，以增加土壤水分，防止因土壤缺水、气候干燥引起抽条。注意苗期红蜘蛛、柿毛虫及大青叶蝉等害虫的防治。

27. 如何进行高接换头？

为了提高商品价值，满足消费者的需要，将现有不良品种或不对路品种进行高接换头（图17），使短期内恢复生产，提高效益。选择品种时要考虑劳力的分配、市场价格，能否适应当地气候及能否在当地充分发挥品种特性，市场竞争力大小等。高接换头多在春季进行。接穗采集与储存的方法同前，一般采用枝接，方法有皮下接、腹接、插接、切接、舌接等，也可在细枝上芽接。

1   2   3

图17 高接换头

多头高接 高接的头数应根据树体的大小来决定，小树可少，大树要多。一般盛果期大树，要接100个以上的头，以免换头后破坏地上部与地下部的平衡，从而引起树势衰弱或死亡。一般直径2～3 cm的粗枝接一个头，除主侧枝延长头以外，以结果枝组为单位更换，每隔30 cm左右接一个头，左右错开。多头高接的树冠容易形成，平衡容易恢复，萌发的枝条停止生长早，花芽容易形成，结果早，控制得法，第二年便可结果，但费工费接穗。

普通高接 一般在主侧枝上更换。换头后由于地上与地下部平衡破坏严重，所萌生的枝条，多粗壮直立，容易徒长，而且容易促使其他部位隐芽萌发，需及时抹砧芽，新梢摘心促枝。由于接头少，平衡恢复迟，枝条生长旺盛，花芽不能分化，所以结果也迟，3～4年后才能结果。因嫁接的枝条较粗，锯口较难愈合，嫁接部位不牢固，但嫁接时省工省接穗，换头后受中间砧萌发的枝条干扰少。

28. 高接换头后如何管理？

接口或锯口附近会发生很多砧芽，要及时抹除，否则会影响接穗的萌发和生长。为了维持地上与地下的平衡，对一时不影响接穗萌发的砧芽可以暂时保留，以增加叶面积，加速平衡的出现。

高接萌发的枝条生长很旺，而多数直立向上，为了形成理想的树形和提早结果，须在枝条木质化之前，以拉、撑等方法诱导枝条按理想的方向和角度伸展。

将过密或扰乱树形的枝条疏去，加强通风透光，使接上的新品种苗壮成长。此外，中耕除草、施肥灌水及病虫害防治等按常规管理。

29. 柿树苗木培育的研究有哪些？

柿嫁接方法的研究较多，但机制研究少。在现有柿嫁接研究报道中，有一半以上涉及嫁接方法的探讨，对影响柿嫁接成活的机制则重视不够。例如对嫁接亲和力直接相关的砧木和接穗的遗传特征、解剖结构研究很少，对与细胞分裂和扩大，物质运输、分配等一系列生物化过程起重要调节作用的内源激素物质的研究更少，另外，对直接影响嫁接成活率的单宁等物质的生成途径未见研究报道。

生物微繁技术的研究，在国内尚处于初步研究和探索阶段，但也为更快地获得大量苗木提供了可能性。作者认为，柿繁殖的研究工作最好是能将生物技术的应用和常规繁殖技术结合起来，这样才能在实践中广泛地应用推广。

单项因子研究多，综合因子分析研究较少，特别是对影响嫁接成活率的各种因子的作用及哪些因子为主导因子却仍众说纷纭，因此，今后应加强对嫁接机制的研究。

30. 如何起苗?

起苗在秋末落叶后至春季发芽前进行。起苗前应先做好准备工作，按不同品种分别做出标记，剔除杂苗，以防混乱，如土壤过于干燥板结，应先浇水，使土壤变得松软，不会在起苗时过多损伤根系。柿苗起苗后至定植期间最忌根系风干，影响成活，因此，在起苗数量较大时，应先购置足够的塑料农膜，挖好蘸泥浆坑，和好泥浆，以便起苗及时蘸泥浆，包农膜防止根系干燥。

31. 如何进行苗木分级?

苗木起出以后，随即进行分级，并按一定数量捆成一捆，挂上标签，以便计量和搬运。苗木分级标准如下：

特级苗 苗高1.2 m以上，地径1.2 cm以上；主根长20 cm以上，侧根5条以上，根部无直径1 cm以上的伤口；直立，无秋梢，无病虫。

一级苗 苗高1～1.2 m，地径1 cm以上；主根长20 cm以上，侧根3条以上，根部无直径2 cm以上的伤口；直立，无秋梢，无病虫。

二级苗 苗高0.8～1 m，地径0.8 cm以上；主根长20 cm以上，侧根1条以上，根部无直径2 cm以上的伤口；直立，无秋梢，无病虫。

等外苗 除上述符合分级标准以外的苗木。

32. 如何进行苗木检疫?

苗木检疫是防止病虫传播的有效措施。既要控制新发生的病虫害扩散和传播，又要防止本地没有的病虫害种类通过苗木带入本地。苗木在运输前应经国家检疫机关或指定的专业人员检疫，合格给予检疫证，方能外运。严禁引种带有检疫对象的苗木和接穗，如系国外引入的品种，须经隔离栽培，确定无特殊病虫害时，方可扩大栽培。

33. 如何进行苗木假植?

图18 柿苗假植

苗木起出后若不能及时栽植时, 应将苗木暂时假植起来 (图18), 根据时间的长短, 假植可分为临时和长期假植两种。

在避风背阳、不积水的地方挖沟, 沟深浅视苗木大小而定, 以能斜埋苗高1/3为宜, 一般深约50 cm, 长、宽视苗木数量多少而定。假植沟开好后便可假植, 短期假植的, 将成捆的苗木斜放沟内, 放一排苗木, 压一层沙或土, 使根全封闭在沙 (土) 内, 根部不能透风; 长期假植时, 须将苗捆解散, 逐株埋土。假植用的沙或土不能太湿或太干, 太湿苗木根部容易沤烂, 太干苗木容易脱水, 适当浇水使根与潮土接触, 若土不太干的可以不浇水。在假植前根部最好喷多菌灵溶液杀菌, 以防假植期间根部发霉。在假植期间要勤检查, 以防湿度过大使根部霉烂, 或过干而致苗木脱水死亡, 严寒天气还需采取防冻措施。

34. 如何进行苗木的包装与运输?

柿根细胞渗透压低, 细根干燥后很难栽活, 因此, 挖出后必须防止根部干燥, 特别是在运输之前, 必须进行包装。包装的方法是: 捆成一捆的苗木, 根部蘸上泥浆, 沥去余水后用农膜包裹, 外面再用编织袋 (或麻袋) 保护, 以绳缚紧, 内外都拴上品种的标签。大批量运输时, 也可整车包装。方法是: 先在车厢内铺上宽8 m、长为车身3倍的农膜, 撒一层湿草, 将成捆蘸过泥浆后的柿苗依次排放, 直至装满, 上面再覆湿草后将四周的农膜包严, 盖好帆布, 用绳捆紧。远销外运苗木, 须先进行检疫。严寒季节运输时, 应注意防冻。

五、柿安全速丰高效生产建园

柿园建设时要因地制宜，合理布局，统一规划，科学栽植。要求生产规模化，商品基地化，管理规范化。商品基地的自然环境能满足柿树生长发育所需的光、温、气、热的要求，也就是说基地必须处于柿树适栽区。建园时应考虑到：园地选择、果园规划、整地技术、栽植方法、品种选择与授粉树配置、栽植时期、苗木的选择与处理、栽植技术、栽植后管理、柿树防寒措施。此外，要求领导重视，农民有开发进取精神，有风险意识，有学习科学技术的决心，敢于投资。

交通发达，以方便运输生产资料与产品运输；有灌溉条件；有相对集中的一定面积的可供栽培的地方。

1.如何进行园地的选择？

柿园要选择要求在最适生区或适生区，无污染源、交通便利、有灌溉条件、相对集中成片、农户对柿发展有较高的积极性且具有一定的技术管理基础的地方。

除平原外，在山区不能在冷空气容易停留的山谷或低洼地栽培，也不要选在风口建园；坡度不宜过大，最好在浅山缓坡地建园。甜柿喜光，坡向以阳坡为宜。

选离水源较近或有灌溉条件的地方建园，以便干旱时灌溉，满足柿生长的需要。

尽量选在土层深厚、有机质含量丰富、通气性良好、地下水位在1 m以下、排水良好、不泛碱的地方。

选在离公路或干路近的地方建园。

2. 如何进行柿园规划?

充分利用土地资源,便于管理和园内操作,基地选好之后,应进行科学的规划设计,内容包括生产小区、道路、防护林、排灌系统、水土保持以及品种选择和配置等。

生产小区规划 划分小区时可因地形、地势及土壤情况,并结合道路、排灌系统划分,10~15亩为1个小区,长宽比为1:3:1。山地小区的长边应尽量与等高线平行,以便管理和保持水土。平地柿园小区长边应与当地主要害风方向垂直,并使柿树的行向与小区的长边一致。

道路规划 为了便于运输和管理,根据面积大小设置必要的道路,并与公路相通。道路分干路和支路,路面宽度与质量应视运输量和经济效益而定。干路是贯穿基地的大路,外与公路相连,一般4~6m宽,以便会车,支路是小区通向干路的,一般2~3m宽。干路与支路都可作小区的边界。山地道路要修成"之"字形,可减小坡度,便于车辆行驶,山地支路应设在梯田内侧。小型柿园为了减少非生产用地,可不设主路和小路,只设支路。

水利设施规划 灌溉系统的设置,自水源至柿园,无论是提水或引水,都需一定设施,如机井、水泵、水闸、蓄水池、水渠等,应视水源远近、来水难易、经济能力进行设计,多雨地区还应考虑排水问题。一般水渠布局可与道路结合,灌水渠在坡上方,排水渠在坡下方。多雨区的山地坡度大,雨季水流急,应在柿园最上方的边缘开一条较深的拦水沟,阻挡上坡雨水下泻。沟的大小视上方集水面积而定,一般宽、深各1m,保持0.1%的坡降,两端与排水沟相连。有经济能力的可考虑使用节水灌溉设备,如埋暗管、滴灌、渗灌、喷灌等。

辅助建筑物 包括办公室、财务室、车库、工具室、肥料农业库、包装物、配药场、果品储藏库和加工厂、职工宿舍及休息室等。一般在2~3个小区的中间,靠近干路和支路处设立休息室和工具库等,包装物、果品储藏库等应设在较低位置,其他建筑物应设在交通方便和有利作业的地方。

品种选择 品种的选择要从有利于市场竞争出发,在建园时就要设想产品的销路,明确未来的销售目标市场。如以附近城镇、工矿区作为未来市场为目标的,一般数量不宜过大,早、中、晚品种配套,以便长期占领市场;若以国内大中城市作为未来市场目标的,在选择品种时应考虑耐储运、产品质量和批量等问题。品种不宜太多，在栽培技术水平方面的要求也高些，若以出口为目标的，则适当发展一些优质甜柿品种和加工柿饼品种。在栽培管理上要高起点、高水平，生产出高质量的果品。在发展柿树商品性生产过程中，始终应有竞争意识。在发展初期，争取抢先生产，以量取胜，当普遍发展时，要注重质量，建立信誉，以质取胜，并掌握谁是竞争对手，分析与竞争对手竞争时的有利因素和不利因素，以便采取有效的对策。

道路与排灌系统　为了节约用水，灌水渠最好用水泥、石块砌成，严防渗漏，有条件的可埋PV管。排灌渠大小应视水的流量而定，要有一定比降，通常为每百米长的水渠，高差0.3～0.5 m，以利水流畅通。

防风林　有大风的柿园应在生产区的边界设置防风林。防风林带的结构可分为透风结构林带和紧密结构林带两种，而以前者防风的效果较好。据有关资料，在树高20倍的范围内林带背风面可降低风速17%～56%。林带内行数不同，降低风速的效果也不一样。在旷野风速7 m/s的情况下，经过4行毛白杨林带时，带高20倍范围内，风速比对照降低59%，而通过3行毛白杨林带时，风速比对照降低39%，3行与4行比较相差20%。一般大柿园周围栽3～4行，小柿园周围栽2～3行。防风林的树种最好落叶树与常绿树相互配合，常绿树应种在落叶树的外缘，灌木应种在乔木外缘，否则会因光照不良生长不好。用作柿园防护林的乔木树种，要求生长迅速、树体高大、枝叶繁茂、根系深、林相整齐、寿命长、适应性强，并与柿树无相同的病虫害，且一般选用符合上述条件的乡土树种。用作柿园的灌木树种则要求再生性强，枝叶繁茂，且早期具有经济效益的树种。柿园防护林的设置以园地大小、有害风方向以及地势、地形和气候特点为依据，设置方向与主要有害风向垂直，副林带与主林带垂直。

3. 如何进行建园整地？

建园前的土地整理。柿适宜在土层深厚，有机质含量丰富，地下水位低，土壤通气性良好，地势平缓的地方栽培。柿是多年生植物，种下以后难以平整，所以无论山地、平地或滩地，在栽树前都要进行整理和改良。

山地应做好水土保持工程，如梯田或大鱼鳞坑（图19）。梯田要求外侧稍高，边缘有边埂，内侧有排水沟。鱼鳞坑要求深1 m左右，直径1.5 m左右，

图19 鱼鳞坑

在坑的下坡用土砌成半圆形小堰，栽树后使坑内外高内低，以便积蓄雨水，两个鱼鳞坑之间以小沟相连能灌能排，以后再将鱼鳞坑逐年扩大，改造成梯田。

滩地的地势通常是大平小不平，局部地面高低不平，土壤瘠薄。建园前要平高垫低，平整地面，掏沙、石换土，或深翻破淤，将下层的淤泥翻上来。定植前后要种植绿肥，多施有机肥料，改良土壤，提高保水保肥能力。

4. 如何进行品种选择与授粉树配置？

品种选择要根据当地的环境条件、生产目的及品种的特性等因素综合考虑。首先应选择适应当地气候、土壤等环境条件的优良品种，做到适地适树。引进外地优良品种时，一定要经过试种，表现好方可大面积发展。考虑生产目的，以鲜食为主时，宜选择果形美观、色泽鲜艳、易脱涩、风味好、耐储运的涩柿和甜柿优良品种，如涩柿中的斤柿、磨盘柿、火晶、牛心柿等品种；甜柿中的次郎、富有、兴津20、阳丰等。为了延长市场供应时间，宜选择不同成熟期的早、中、晚熟品种相搭配。以制柿饼或其他加工为目的时，应选择果形整齐、果面无缢痕、含糖量高、水分少、果皮薄、出饼率高的品种，如橘蜜柿、小萼子、绵瓢柿、尖柿等品种。

绝大多数涩柿品种单性结实能力强，部分甜柿品种单性结实力较弱，如富有、伊豆、松本早生等甜柿品种，必须配置授粉树才能减少落果，提高产量和品种。授粉树花期与主栽品种一致或略早、花期长、雄花量多、花粉量大、品质好等特性，如禅寺丸、赤柿等。

柿是虫媒花，授粉树越近，坐果率越高，主栽品种与授粉品种的搭配比例一般为8:1。可按中心式配置，即每株授粉树周围栽8株主栽品种。

5. 如何选择授粉树？

柿不存在品种间花粉不亲和现象，无论甜柿或涩柿，只要符合下列条件且有雄花的品种，均可作为授粉树：①与主栽品种花期相遇。②开花期长。③雄花量多。④花粉量多。⑤授粉树的品质较优。

6. 柿树何时栽植较好？

柿树栽植的适宜时期应根据当地的气候特点而定。在河南，一般在秋季落叶后到春季生长开始以前进行。此时苗木处于休眠状态，体内储藏营养丰富，水分蒸腾较少，根系易于恢复，栽植成活率较高。

在气候温和的华中、华南地区，宜在秋季苗木出圃后立即定植，此时地温较高，有利于根系伤口愈合和生长，为第三年春的萌芽和枝叶生长做好了准备，还可省去苗木的假植。在北方冬季严寒地区，冬季低温时间长，易因生理干旱造成"抽条"或出现冻害而降低成活率，且春季柿树发芽晚，根系活动更晚，一般比其他果树晚栽10～15天。实践证明，柿树以顶芽萌动后栽植最佳，尤其是华北春季干旱多风、空气干燥地区，倘若早栽根系尚没活动，地上部又有水分蒸腾，易造成树体失水而影响成活。

7. 如何确定栽植距离？

柿树栽植后15年内，树冠每年不断扩大，20年后才基本稳定。树冠的大小与品种及土地肥瘠有关，所以栽植距离也有所不同，合理的栽植距离应该是：当树冠稳定以后，相邻的枝条互不接触，全树通风透光良好为准。为了早期多收益，可在株间或行间加密栽培，栽植8～10年枝条接触时进行间伐。现在一般株行距采用2 m×3 m、2.5 m×3 m、3 m×4 m、4 m×5 m等，最终密度为4 m×5 m。

8. 柿树有哪些栽植方式？

在平地可用正方形或长方形，正方形适用于株行距较大情况下，长方形适用于密植；山坡地用三角形或沿等高线栽植，在坡度小梯田宽的情况下用三角形，坡度较大梯田较窄时沿等高线栽植。

9. 如何准备定植穴?

定植穴大小应视土质不同而有差异,土质肥沃、疏松的地方根系容易生长,定植穴0.8 m见方;土质坚硬、瘠薄甚至有石块的地方,根系不易伸展,定植穴要大,深、宽都要1 m以上,必要时再挖大一些,密植园最好开挖定植沟。定植穴(沟)应在定植前挖好,春栽的最好在头年秋天挖好,以使穴土在冬天进行风化,栽植后有利树的生长。挖时心土与表土分别放于穴的两侧。

10. 柿树栽植过程中注意事项有哪些?

栽植前先将每坑的表土与50 kg厩肥或堆肥和1 kg磷肥充分混合,取一半填入坑内,然后按品种配置设计将苗木放入坑内,将另一半掺肥土分层填入坑中,每填一层土都要踏实,以减轻灌水后的下沉幅度。边填土边将苗木稍稍上下提动,以使土流入根的缝隙中,根系充分伸展与土壤接触,最后填入心土至接近地面。填土的高度以苗木根颈高于地面约5 cm为宜,并在坑四周修起土埂。栽后立即灌透水,土壤下沉后要求根颈与地面平齐,用细土覆盖以防止水分蒸发。

11. 如何选择与处理苗木?

苗木要求健壮一致、无病虫害、根系发达。栽植前要剪除过长根、损伤根,苗木主干可保持在1.1～1.3 m。苗木最好是随起随栽,对长途运输的苗木要采取保护措施,如蘸泥浆后用塑料膜包扎根部,运到地点后将根部再浸水半天,以补充水分。

12. 如何提高柿树栽植成活率?

选用优质苗木,砧木最好经过断根处理。苗粗壮,接口愈合良好,基径1 cm,整形带芽眼饱满。

苗圃地土壤过于干燥时,在起苗前应浇水,使土壤润湿,以免起苗时扯断根系。

起苗时根要挖大,根系长25 cm以上,尽量少伤根系,要防止根系劈裂或粗根过短。起出后将倾斜的伤口剪平，缩小伤口，以利愈合，并能减少病毒入侵机会。

苗起出后要注意保湿，防止根系风干。起出分级打捆后，立即蘸混有生根粉3号的泥浆，并用农膜包裹，以避免根系失水。

起苗后应及时栽植，最好随挖随栽。

栽后及时浇一次透水，使土壤与根系密接，便于吸收水分，并用农膜覆盖保墒。

加强管理。栽后一年内定植穴中土壤不能干，必须保持穴内潮润，这是成活关键。防虫、防寒也至关重要。北方秋栽的须于根基培土，以防冻害，有兔害的地区，应缚棘刺防护。

及时定干，可以减少水分过多散失，减少树体摇动。

覆盖地膜。可以减少根系周围土壤水分蒸发，同时可以提高地温，促进早生根。

13. 苗木栽植后如何管理？

为了保证苗木成活，栽后同样需要有精细的管理，具体措施要根据当地的条件去制定。

栽后及时定干 柿树一般接活后生长量很大，秋梢长而不充实，栽植后因根系活动晚，当时吸不上水，这就需要剪截掉上部枝条，减少蒸腾来维持树体内水分平衡。定干高度，成片柿园为60～80 cm，柿粮间作为1～1.5 m，干高以上再留出10个芽作为整形带。用蜡封或油漆涂抹剪口，以减少水分蒸发。

栽植后应立即浇一次透水，然后封好，埋土堆保墒。过10天后扒开土堆再浇1次水，最好在树干周围堆成丘状土堆或覆1.2 m地膜保湿，以保持土壤湿度。在干旱地区，覆膜可有效提高苗木的成活率。要经常检查土壤湿度，干旱时及时浇水。

北方寒冷地区秋栽时，可在入冬前在树干上包扎稻草或在苗木基部培土防寒或将苗木压倒埋土防寒。

春季发芽展叶后，应进行成活率情况检查，找出死株原因，及时补栽。

栽植稍大的柿苗时，为防止苗木被风吹倒，在树边立支柱并绑缚。

苗木生长季节注意及时进行病虫害防治、少量多次施肥、灌水、中耕除草和抹掉砧木萌芽等工作。

14. 柿幼树防寒措施有哪些?

多年的实践证明,新栽幼树第一、第二年能否安全越冬,直接关系建园的成败,应采取有效的防寒措施。

增施磷、钾肥　在高标准栽植,加强综合管理的基础上,进入7月后,每隔15天连续喷施2次磷酸二氢钾,增加枝条的成熟度,提高抗寒性。

适时重摘心　9月中下旬对所有不封顶的枝条进行重摘心(去10 cm左右),促枝条木质化,芽饱满,提高抗寒性。

防治大青叶蝉　防止柿子幼树抽条死亡,保证其安全越冬。

强迫落叶　定植当年的10月中下旬,对幼树实施强迫落叶,以减少养分消耗,增加树体营养积累。上冻前浇封冻水1次,然后将每棵树的树盘上盖1 m^2 的地膜,再于树干西北侧膜外缘处打一长80～100 cm、高60～70 cm的月牙埂,以保护最易受冻、最怕受冻的幼树根颈。经过上述处理后,土壤表层温度和近地面温度均可提高2℃左右,土壤相对湿度可提高10%左右。

15. 如何防止柿树越冬抽条?

柿树越冬抽条是指在越冬后枝条干缩的现象,这种现象在我国干燥寒冷地区,尤其是西北地区比较严重,抽条会造成树冠残缺,树形紊乱,推迟结果时间,严重时地上部会全部干枯死亡。发生抽条多是1～5年生的幼树。但如管理不当,枝条生长不充实,成龄树也会发生抽条。早春土壤水分冻结或地温过低,根系不能吸收或极少吸收水分,而地上部枝条蒸腾强烈,树体严重失水,就会发生抽条现象。最初枝条发生皱皮,轻者随气温升高可恢复,但延迟发芽,重者则继续失水干枯。果树抽条严重地区共同特点是:冬春冻土深,解冻迟而地温低;早春气候干燥、多风而水分蒸发强烈。内因是果树枝条不充实。此外,大青叶蝉产卵刺破枝条表皮造成伤口过多,也会加剧冬春蒸腾失水,导致枝条抽干死亡。主要防治方法是:

合理选择园址　选南低北高、背风向阳处建园。

营造防护林带 柿园南北两边东西向各栽5行主栽树种（如毛白杨）及2行刺槐、在园区东西两边南北向栽植2行毛白杨及2行刺槐，果园四周建成防护林后，可有效提高果园局部小气候使柿树免受风害，减少抽条。

灌封冻水 11月前后土壤封冻前灌水，为根系储备足够水分，可以减少抽条现象发生。

幼树埋土防寒 幼树落叶后封冻前，采用拉干法使主干贴近地面，并埋土20～30 cm厚。

枝干抹油 按动物油与植物油1:2比例熬成混合油。选择晴朗温暖的中午，用刷子蘸热油抹枝干，要均匀涂抹，混合油变凉变稠时，要及时加热并适量添加植物油。

枝干喷布抑蒸保温剂 自2月中旬起可用高脂膜1 kg加水150 kg，选晴暖的中午喷施。每15天喷1次，连喷3次。

树体包扎 用废旧棉絮、麦秸、稻草、碎树叶等将枝叶包紧，并用农膜或塑料布、编织袋等包扎。

树盘覆盖 土壤封冻前，将玉米秸秆捆成捆，在树下围成直径2 m，高1.5 m，厚度0.5 m的风障，早春萌芽前拆除。

匍匐栽培 幼树定植当年8月，往北拉干至近地面生长，3年间培养成三主枝单面匍匐扇面树形。这样，每年需埋土防寒，但树体受光均匀，早果早丰，果实品质好，效益高。

16. 如何防治柿霜害？

在早春和晚秋当寒流侵袭时，常使气温骤然下降，使处在生长状态的植物遭受霜害，由于霜冻发生的时间不同，通常将秋季开始发生的霜冻叫作早霜，春末发生的霜冻叫作晚霜。柿树遭受霜害会影响果实品质，导致落果，直接影响到柿树的生长和经济收入。防治霜害有以下措施：

加强果园的全面管理，对树体整形修剪时，减少贴近地面的结果枝量，扩大留枝范围。在寒流吹入方向建防风林。

在秋季雨水偏多，追施过多氮肥，秋梢会贪青徒长，抗寒力降低。因此，要促进前期生长，控制后期生长。这就要求在早春顶凌刨园，追肥、灌水；夏季多施磷、钾肥，加强果园排水；疏除密枝、徒长枝，开张角度，保护好叶片以改善光照，减少消耗，增加营养储备，提高整体的抗寒力。

树干涂白可预防春季形成层冻害，提高果树抗霜害能力。涂白剂用生石灰5 kg，食盐0.5 kg，水15 kg 左右配制。为增加涂白剂的黏着力，可加入细豆面0.25～0.5 kg，或加入涂墙胶等。

霜害发生期，注意天气变化，在果园内设置温度测量设备，随时观察。提前准备燃烧材料，如树枝、秸秆、果园的落叶等。堆积时要选好两根木桩，先在地上栽一木桩，再将另一木桩与其成十字横放，然后将准备好的材料干湿相间堆放在木桩周围。堆高1～1.5m，堆底直径1.5～2 m，1 亩地设堆3～4 个即可。点烟时将两根木桩抽掉，用易燃的材料放进贴地的孔内点燃。要注意点烟时间必须在霜冻发生之前，凌晨2 点以后气温降至2 ℃时开始点燃。如果烟堆燃烧太旺，可将烟堆稍微踩紧或盖些土，以使大量生烟。

水的热容量很大，对气温有调节作用，所以霜来之前果园灌水可以防霜害。霜来时用喷雾器或喷灌给果树喷水，对预防冻霜有一定效果。

在花期如遇冻霜害，应加大人工授粉力度，增加人工授粉次数，以提高坐果率。受冻害树木因其叶子也多受害，无法合成足够养分，应加强疏果工作。受冻害后，病果和果形不正的果较多，疏果时选留正常果。

17. 风害对柿树有哪些影响？如何防治？

风害往往使果树枝折树断，叶果掉落，有时还会对整片果园造成毁灭性打击，直接影响果农的经济收入。风害严重地区，最好在迎风方向营造防风林带，并加强肥水管理，促其根深叶茂，增加抗风能力。采用低干矮冠，降低树冠高度和重心，采用开心形树形，改善树冠内部的通风条件，通过主、侧枝的回缩修剪，使株行间保持适当的间距，避免树冠密接及大枝相互摩擦。选择优良砧木及接穗组合，防止发生浅根及结合不良而降低抗风能力。受风害的果树易诱发病虫害，加强对病虫害的防治。大风预报后，用绳子将果树扎在一起，待风过后及时解开。果树受到风害后，尽快将折断的枝条剪去。清理落果，分拣出售或加工，减少损失。对倒伏的果树，扶直培土。如在生长早期受害，可施速效性肥料，并剪梢，促其重新发芽。风后对果园的救护极为重要。

18. 雪害对柿树有哪些影响？如何防治？

由于长时间或者大规模的降雪，会使得柿树枝条被压断，果实被打落，同时还会带来严重的冻害影响果实品质，雪害对柿树的影响尤为严重。

在下大雪前，对幼龄果树设立支柱，对枝量过多的果树进行提前修剪；抓紧采收未采收的果实；做好苗圃大棚加固工作。

雪后尽快摇落树上积雪，避免枝干断裂；扶正倾斜树冠，压实土壤，做好培土工作，促进根系恢复。

及时处理断裂枝干，对完全折断的枝干，应及早锯断削平伤口，涂以接蜡等保护剂，以防腐烂；对已撕裂未断的枝干，不宜轻易锯掉，宜先用绳索吊起或支柱撑起，恢复原状，受伤处涂接蜡等并绑牢，促其愈合，恢复生长。

加强雪害后栽培管理工作，雪害后树体衰弱，应及时施肥，建议在晴天午间喷0.3%尿素加磷酸二氢钾或绿美等有机腐殖酸类营养液，每隔7天喷1次，连喷2～3次，恢复树势。同时树体伤口多易引起病虫危害，应注意及时防治。灾后可结合根外追肥，树冠喷78%波尔锰锌可湿性粉剂600～800倍液等杀菌剂预防病害。

19. 鸟害对柿树有什么影响？如何防治？

柿树成熟期易遭受鸟类啄食而造成损失，鸟类啄食果实后，影响果品质量，并且容易导致病虫害流行，对于未成熟的果实会导致提前掉落，直接影响果农经济收益。防治柿树鸟害应该从以下方面防治：

果实套袋是最简便的防鸟害方法。

防鸟网。既适用于面积大的果园，也适用于面积小的果园。但成本较高，而且使用寿命短，每年果子采收后必须收起来，比较费工。

使用驱鸟带。驱鸟带是一种以聚酯薄膜为基材的闪光彩带。由聚酯薄膜层、金属膜层以及红色漆层所组成。一面为银白色，一面为红色。驱鸟带材料安全无毒，使用方法简单，不伤害鸟类，同时节省人力，防鸟害效果较好。因此，这种闪光驱鸟带为农业防鸟害提供了一种新的防范措施。驱鸟带通过反射光线来驱赶鸟，在有风的情况下，还可发出金属样的响声，这也有助于使鸟远离这一区域。

果园地面铺盖反光膜。与驱鸟彩带类似，反光膜反射的光线可使害鸟短期内不敢靠近果树，同时也利于果实着色。

使用驱鸟器。智能语音驱鸟器，以低功耗单片机为核心，采用最新数字语音存储技术，采集形成针对不同鸟类的声音芯片库，采用高性能的控制器，随机播放高仿真鸟类天敌的声音。试验证明，智能语音驱鸟系统可持续、有效实现果园、农田、鱼塘的广域驱鸟。

还有一种驱鸟器，以特定的能量场来驱赶飞鸟、老鼠、害虫，无化学污染。而且该能量场只刺激老鼠、蟑螂、蚂蚁和飞鸟的神经，让其感到痛苦、烦躁不安，从而达到驱逐的目的。

20. 冰雹对柿树的危害有哪些？怎样防治？

冰雹多发生在7～8月，此时果树正处于幼果发育期，降雹会直接砸伤砸落幼果，造成果实表面坑洼不平，伤果易招致病害侵染，影响果实外观和内在品质。同时还会砸伤叶片和新梢，影响树的光合作用和花芽分化，严重时砸伤树皮，形成二次发芽，导致树势衰退，引起翌年生长结果，且腐烂病大发生。

果园预防冰雹危害的最有效方法就是使用防雹网。防雹网是在柿园上方和周边架设专用的尼龙网或铅丝网，阻拦冰雹冲击从而起到保护果树的作用。

果园受灾后，应及时喷施80％代森锰锌可湿性粉剂800倍液，或68.75％噁铜锰锌保水分散粒剂1 000倍液，70％甲基硫菌灵可湿性粉剂800倍液。并迅速在树盘追施速效氮肥或磷酸二铵，加强光合作用，促使树体尽快恢复长势。

21. 如何进行柿粮间作？

柿树较其他果树容易管理，与粮食作物没有共同的病虫害，一般年份病虫发生较轻，用药次数少，不会污染环境。肥水方面虽存有矛盾，但是只要加强肥水管理、科学调整粮食作物，便能获得柿粮双丰收。因此，柿粮间作是我国果农普遍采用的栽植方式，是"以园养园，以果促粮"的重要措施，今后应继续提倡。

国外主要在行间种植绿肥作物，如三叶草、紫苜子或豆科植物来抑制草荒、增加有机质。国内间作的植物种类较多，主要有薯类、豆科等低秆作物、禾谷类作物以及果树、果苗等。间作的方式依作物种类不同可分为水平间作和立体间作两种。粮食作物与柿树间作的形式很多，归纳起来主要有平原区柿粮间作模式、山区沟底台田堰边柿粮间作模式、山区梯田栽植模式和零星栽植模式。如图20是柿与花生套种。

图20　柿与花生套种

22. 如何对柿园土壤进行管理？

为使树体能正常生长，延长盛果期，须改善理化性状，使土壤疏松，有机物丰富，透气性好，保肥保水力强。水土不易流失，土壤中的水、肥、气、热协调，可增强根的吸收能力，提高肥效，避免产生生理障碍，满足树体生长结果需要，在生产中通常采取中耕除草、深翻扩穴、应用土壤改良剂等措施。

干周管理　幼树周围要留出至少1m见方的空间不种其他作物，以保证幼树的肥水需要。随着树龄增加和根系扩展，还应年年扩穴。扩穴时可将表土翻至下层，同时将肥料拌土施入。干周可采用清耕法保持土壤疏松，也可利用当地的杂草资源进行覆草保墒增肥。结合扩穴可通过黏土掺沙或沙荒掺土进行土壤改良。

土壤改良　主要通过深翻改土来完成，深耕可翻动底层土，逐步熟化生土层增加有效土层厚度，使土壤疏松、透气以增加蓄水保肥能力，有利于柿树根系向水平和纵深方向发展。

合理间作　为了提高土地利用率，在幼树期或株行距较大的柿园，都可适当间作其他作物。但一定要留出树盘，不可离树太近，避免和柿树争夺肥水。间作种类以矮秆的豆科植物为佳，也可间作红薯、花生、小麦等，一般不宜种高秆作物。间作要采取轮作制，连作会带来诸多不良后果。如有条件可间作绿肥，也可绿肥与作物轮茬，对肥地促树均有好处。

中耕除草　中耕能疏松土壤、改善透气性、减少水分蒸发和病虫潜伏场所，除草可降低养分和水分的消耗。中耕的次数以不形成草荒为度，中耕的深度为树盘周围宜浅，树间适当深些，这样可避免伤根。除草以在杂草生长初期和开花时进行效果较好。

深翻扩穴 随着树龄增长，在采收前后，结合施基肥，于定植穴外逐年深翻，扩大树穴，深度根据土质情况而定，对土壤瘠薄、质地坚硬的深度应超过80 cm，土壤深厚疏松的，深翻60 cm左右即可。深翻可加速土壤熟化，使难溶性矿物营养转化为可溶性养分，从而提高土壤肥力，深翻也可蓄水保墒，涵养水源，改善土壤理化性状，促使团粒结构形成；深翻为根系的伸展创造条件。

应用土壤改良剂 目前生产上应用的土壤改良剂种类很多，其主要成分是人工合成的有机高分子聚合物。它不溶于水，但极易吸水，能吸收相当于自身重量的几百倍乃至上千倍的普通水，具有很强的保水、保肥、保温、通气的特性，从而使土壤中的水、肥、气、热趋于协调，在旱地使用效果更佳。市场上商品种类很多，一般分为保水剂、增墒剂、土壤改良剂等，具体应用时可根据实际情况选择，按说明书施用。

23.柿树有哪些营养特点？

柿根细胞渗透压低，生理上不抗旱，比较耐湿。成年大树根系分布深广，根与茎的输导组织发达，在植物学上表现出了强大的耐瘠和抗旱性。由于细胞渗透压低，所以施肥时浓度要低，浓度高于0.001%时容易受害，最好分次少施，每次浓度应在0.001%以下。根对氧的要求低，具有向土壤深层生长的特性，属于深根性果树，对肥效反应很迟钝。不像葡萄、桃、梨那样，施肥10天后，便在叶色、大小、枝条生长量等方面，有明显的反应，柿树甚至2个月以上还无明显的反应，而且抗涝性也强。

柿的耐阴性与无花果相同，比桃、梨、葡萄和苹果等稍强。但叶片宽大，容易互相遮阴，枝条须有直射光照射才能积累同化产物，并储藏起来，所以修剪时应注意枝间不能郁闭。柿树在营养转换期以前各个器官的活动，如萌芽、展叶、新梢生长、根系活动等，主要利用上年的营养物质，在营养转换期以后的生育过程则是利用当年制造的有机营养物质。

成年柿园中氮磷钾的比例为10：（2～3）：9。施用磷酸的效果不好，经试验无磷区与三要素区的结果无显著区别，磷酸过多时反而抑制生长。柿在果树中需钾肥最多，尤其在果实肥大时需要量最多，往往从其他部分向果实运送。

当钾肥不足时果实发育受到限制，果实变小。但钾肥过多，则果皮粗糙，外观不美，肉质粗硬，品质不佳。沙培试验证明，需钾的浓度比氮高，无钾区减产严重，后期尤应增加钾肥的供应。在7月以后，钾的吸收量，显著地比氮、磷多，到了10月成熟时，富有柿所需氮磷钾的比例为10∶2.4∶18.5。

24. 柿园如何施肥？

正确施肥是保证柿树高产、稳产、优质的重要措施之一。合理施肥必须根据品种特点、不同树龄、不同物候期、结果量以及树体营养状况来进行，要依土壤种类、性质和肥力情况选择适宜的肥料适量适期施用。1～3年生树每年3月下旬追肥1次，每株施尿素0.5 kg，9月下旬每株施农家肥40 kg；4～5年生树施肥应集中在新梢生长前、生理落果前、果实采收后3个时期，即3月下旬、5月下旬、10月上旬，分别每株施尿素0.5 kg、尿素1 kg、农家肥50 kg。5月下旬至9月中旬，每隔15天左右叶面喷1次0.5%磷酸二氢钾溶液，每次施肥后均需灌水。

25. 如何确定施肥量？

根据养分吸收量确定施肥量，日本的佐藤等于1953年、1956年分别对9年生次郎和25年生富有一年中吸收三要素的量进行测定，结果为，1 000 hm² 柿园一年吸收氮8.5～9 kg，磷2.3 kg，钾7.3～9.2 kg，被吸收的养分中氮最多，钾略少于氮，磷最少，是氮的1/4左右。各器官对三要素的吸收量为，43%的氮被叶片吸收，果实与叶吸氮量为全年总吸收量的2/3以上；各器官对磷的吸收量相近似；钾39%被果实吸收，叶吸收34%，果实与叶吸钾量为全年的3/4。从各器官对三要素吸收的比例来看，叶片中以氮的比例最高，果实中以钾的比例最高，由此可见，在枝叶生长期最需要的是氮肥，果实肥大期，钾的作用最大。以佐藤等人测定的吸收量为依据，由一般的天然供给量和利用率可推算出，1 000 hm² 柿树生产2～2.5 t果实，需氮16～22 kg，磷6～8 kg，钾15～20 kg。实际施肥量，氮是必要量的2倍，磷为5倍，钾为2倍。

随着树龄增大，施肥量也有所增加，6年生树为3年生树的2倍，10年生树是3年生树的3倍（表4）。

表4　柿不同树龄参考施肥量（kg/株）

树龄（年）	厩肥	含氮化肥	过磷酸钙	草木灰
3	15～25	碳酸氢铵0.2～0.3或尿素0.1～0.15	0.5	1.5～2.5
10	50～75	碳酸氢铵0.5～0.75或尿素0.25～0.35	1.5	5～7.5
15	75～100	碳酸氢铵0.75～1或尿素0.35～0.5	2～3	7.5～10
15以上	100～150	碳酸氢铵0.75～1或尿素0.35～0.5	3～4	10～15

26. 氮磷钾的作用有哪些？

氮　在叶中含量最多，是各器官生长必不可少的成分。光合作用后，能生成碳水化合物、蛋白质、氨基酸等物质。当氮不足时，为了保证幼嫩组织生长，氮向幼嫩组织转移，下部叶子变黄而脱落，枝条停止生长，果实肥大停滞，产量降低，而且花芽分化不良，影响翌年产量。若氮素过多，则导致营养生长，枝条徒长，叶片宽大，色浓绿，制造纤维素多，淀粉含量少，果实着色迟，光泽差，味淡，易发生蒂隙果，成熟迟又不耐放。

磷　在种子中含量最多，在1年生枝条的顶端含量也较多。磷对花芽分化、果实着色、增加糖度有作用。磷在树体内含量不多，一般柿园内并不缺少，但因磷在土壤中移动性极差，易被土壤固定，特别在强酸、强碱性土壤中或干旱坡地常感到缺磷。磷在树体内容易移动，当缺磷时老组织内的磷向幼嫩组织转移，所以老叶先出现缺磷症，叶呈暗绿色，缺光泽，叶片小，向内卷曲，叶脉间出现黄斑。

钾　在体内移动容易，主要集中在生长活动旺盛的部分，所以缺钾症状也在衰老部位先出现。缺钾时果小，色泽不良，树体当时虽不表现出来，但翌年发芽迟，叶色差，发育不良。当极度缺钾时，叶缘先呈淡绿色，而后逐渐变成焦枯色，土壤干旱或过湿时容易发生。钾肥过多时，果皮粗糙而厚，石细胞多，着色迟，糖度低，品质差，钾吸收过多也会妨碍镁的吸收而呈现缺镁症。

27. 如何确定施肥时期?

柿树最需养分的时期有 3 个:一是萌动、发芽、枝条生长、展叶以及开花结果期(3 月中旬至 6 月中旬),在这一系列生育过程中所需的营养均来自上年储藏的养分,这些养分必须在休眠之前吸收完毕,二是生理落果以后,主要是促进果实肥大,肥料是以钾为主的追肥,三是果实采收以后(10 月下旬至 11 月上旬),主要是恢复树体营养,积累储藏养分。

肥料应在最需养分之前施入,提前的时间应包括肥料分解时间在内。也就是说,施入速效性化肥时,可距需肥时期近些;如果施用迟效性的有机肥时,距需要时间远些;若施入的是未经腐熟的有机肥,则应更早。

一般基肥以有机肥为主,在采收前后(10 ～ 12 月)施入,追肥以化肥为主,第一次在生理落果以后施入,第二次在果实膨大期施入。在土壤肥沃、树势强健的情况下,第二次追肥可以省略;相反,若土壤瘠薄、树势衰弱,在 3 ～ 4 月发芽时再追施 1 次。

氮肥的 60% ～ 70% 在基肥中施入,其余于生育期追施;磷肥全部在基肥中施肥;钾肥容易流失,而且在果实肥大过程中是必需的肥料,所以基肥和追肥均匀施入为宜。

28. 常用基肥施用的方法有哪几种?

基肥是较长时期供给柿多种养分的基础肥料。基肥以迟效性的有机肥为主,如厩肥、堆肥、河塘泥等。柿树的基肥应于秋后 9 月中旬采果前施入,此时正值根系生长高峰,伤根易愈合,并可促发新根;地上部分消耗养分极少,所吸收的营养物质以积累储备为主,可提高树体营养水平和细胞液浓度,有利来年柿树萌芽开花和新梢早期生长。秋施基肥,因有机物腐烂分解时间较长,矿质化程度高,翌年春季可及时供根系吸收利用,并有利柿园积雪保墒,提高地温,防止根际冻害。施肥量应根据品种、树龄、树势、产量和土壤本身营养状况以及不同时期对营养的不同需求等方面来决定。

施肥方式多种多样,常用的方法主要有以下几种:

环状沟施肥（图21） 又叫轮状施肥。是在树冠外围稍远处挖深、宽各30～40 cm的环状沟，将肥料和表土混合均匀施入埋好即可。此法具有操作简便、经济等优点，但挖沟易切断水平根，且施肥范围小，一般多用于幼树。

放射状施肥（图22） 以树干为中心，向四周挖4～8条深2～40 cm、宽30 cm的沟，长度依树冠大小而定，将肥施入沟内埋平即可。此法伤根较少，但挖沟时也要躲开大根。可以隔年或隔次更换放射沟位置，以扩大施肥面，促进根系吸收。一般用于大树。

条状沟施肥（图23） 在柿园行间、株间或隔行开沟施肥，也可结合深翻进行。较便于机械化。幼树、大树均可采用。

图21 环状沟施肥　　　　图22 放射状施肥　　　　图23 条状沟施肥

29. 追肥在施肥管理中有哪些作用？

追肥指在柿树生育期施肥。分为根部追肥和根外追肥。当柿树需肥急迫时期必须及时补充，才能满足柿树生长发育的需要，弥补基肥的不足。追肥以速效性为主，如尿素、碳酸氢钾、磷肥、腐熟人粪尿等。根部追肥的时期和次数与气候、土质、树龄有关。一般高温多雨或沙质土，肥料易流失，追肥宜少量多次。幼树追肥次数宜少，盛果期树追肥次数应增加。

30. 如何确定柿树追肥的时期与用量？

追肥应结合柿树的物候期进行，主要有以下几个时期追肥。

花前追肥 柿树萌芽开花需消耗大量营养物质，此时地温较低，根的吸收能力较差，主要是消耗树体储藏的养分。若氮肥供应不足，则会导致大量落花落果。因此，在4月下旬至5月上旬应进行第一次追肥。

花后追肥 前期生理落果后正是柿树需肥较多的时期，幼果迅速生长，新梢生长加速，都需要氮素营养。追肥可促进新梢生长，提高光合效能，减少生理落果。追肥应以氮肥为主，同时喷施一些微量元素。

花芽分化期追肥　此期新梢已停止生长，花芽开始分化。追肥可提高光合效能，促进养分积累，有利于果实肥大和花芽分化。这次追肥既可保证当年产量，又为翌年结果打下了基础，同时对克服大小年结果也有作用。此期追肥应以氮肥为主，结合施入适量的磷、钾肥。

采果后追肥　柿树采果后要及时施入果后肥，一般以有机肥为主，配合磷钾肥。根部的追肥量应根据树龄、树冠大小和生长结果情况来决定。生产中一般按每生产100 kg鲜柿施氮肥1 kg左右。因柿树是深根性树种，吸收养分开始的时间较迟。所以大年树应在6月上中旬施一次重肥。株施肥畜粪尿50 kg，氮0.2 kg，钾0.3 kg，镁0.2 kg，促进树势和果实生长，有利于花芽分化，确保小年有较多花芽。对小年树在12月要施足冬肥，以充分腐熟的堆肥和有机肥为主，同时每株施入氮0.4 kg，磷0.5 kg，钾0.3 kg，镁0.2 kg。

31. 如何进行根外追肥？

根外追肥又叫叶面喷肥。此法简单易行，用肥量小，发挥作用快，可及时满足柿树的需要，并可避免某些元素在土壤中被固定。叶幕基本形成时方可喷肥，前期浓度应稍小（尿素0.3%～0.5%），叶片充分成长后浓度可适当加大（尿素0.5%～1%）；一般在花期及生理落果期每隔15天喷1次尿素，后期可喷一些磷、钾肥。喷肥时要在晴天上午10～11点以前、下午4点以后进行，因中午温度高，叶片气孔关闭，肥液吸收慢，且易被蒸发变干，致使浓度变大而易灼伤叶片。阴雨天、刮风天均不宜喷肥，因阴雨天稀释了肥的浓度或被雨水冲掉，刮风天不易使肥液附着在叶片上，影响喷肥效果。喷肥时要均匀地喷在叶背面，因肥液主要从叶背气孔进入叶片。喷肥要尽量与喷药相结合，以节省劳力。

根外施肥的优点是用肥量小，发挥作用快，节约肥料。一般喷后15 min到2 h即被叶片吸入，可满足柿树的急需。施入土壤的养料只有经过根系吸收、转化和运输才能进入叶片、芽和果实中，而根外喷肥的肥料可直接进入叶片和果实中，不受养分分配的限制。叶面施肥可以防止肥料在土壤中流失、分解及固定，从而能节约肥料，且省工、省力。叶面喷肥可省去挖施肥坑的劳动，若与喷药结合进行则更省。

32. 根外追肥常用肥料有哪几种？采用多大浓度？

氮素肥料，尿素0.3%～0.7%；磷素肥料，过磷酸钙和磷酸二氢钾浸出浓度0.3%～3%，磷酸铵为0.1%～0.5%；钾素肥料，以3%～10%的草木灰浸出液为主，其他如氯化钾、硫酸钾和磷酸钾等浓度为0.5%～1%；微量元素，一般以0.05%为宜。一般在花期（5月中旬）及生理落果期（5月下旬至6月中旬）每隔15天喷1次尿素，后期可喷一些磷钾肥。

33. 施用未腐熟农家肥有何危害？

有机肥料越来越受到有机食品与绿色食品生产者的欢迎。在果树管理中，基肥以畜禽粪便的使用最为广泛，畜禽便中营养成分含量虽高，新鲜畜禽便直接施入土壤中会招来地下害虫，对果树根系造成危害。

未腐熟的畜禽粪便中有机质在分解过程中产生大量的二氧化碳和热量，从而引起烧根现象。另外，未腐熟的畜禽便中氮素主要以尿酸态存在，不易被果树吸收利用。

未腐熟的畜禽粪便在分解过程中，有大量氮气和其他有害气体放出，容易引起果树中毒，并且造成氮素的大量损失。

未腐熟的畜禽粪便中，含有活的病原菌、病毒、寄生虫卵、杂草种子等，易传染病虫害，造成土壤水源污染。以枯草芽孢杆菌发酵畜禽粪便，在腐熟过程中释放热量，堆肥最高温度能达到50～60℃，可以将一些有害病菌、寄生虫卵、杂草种子等杀死，从而减少病、虫、草对果树的危害。

畜禽粪便未腐熟时，碳氮比较高，微生物活动需要吸收一部分氮，从而出现微生物和果树争夺氮的现象。而腐熟的农家肥碳氮比较小，可避免上述矛盾，发挥肥效。

施用未腐熟的畜禽粪便，对于土壤物理性状影响较大，土壤容重太小，总孔隙度太大，不利于果树发根生长。

农家肥所产生的有机酸可使土壤酸化，造成幼树生长不良，植株矮小，叶片黄化，似缺肥状。成株期施用过量未腐熟的农家肥，可使植株的叶片自上而下变黄，似缺素状，地下根不变褐腐烂，果实表现严重的缺钙症状。

种蝇成虫产卵有趋向未腐熟粪便的习性，因此，施用未腐熟家禽粪便越多，种蝇幼虫危害越重。幼虫可钻入根部或茎部，使地上部表现营养不良；危害所造成的伤口，利于病原微生物侵入，引起侵染性病害的发生，造成更大的损失。

34. 为什么要灌水？灌水都有哪些作用？

柿树虽能抗旱，但并不喜欢干旱，其叶大，蒸腾量也大，因而需水量较大，特别在结果以后，忌土壤湿度变化过大，土壤水分应相对稳定。柿树在年生长周期中，萌芽至新梢停长和开花后果实细胞分裂期（约1个月）和着色后果实细胞膨大期（约1个月）需水量最多，若此3个时期水分亏缺，会使树体生长发育受阻，柿果产量、质量均会受到严重影响。其中尤以萌芽后至新梢停长期的30～40天时间内，树体对土壤水分最敏感，因为此时正处于花芽分化的后期，北方正值春旱，土壤水分容易亏缺，对花芽是否能顺利分化、发芽整齐度、新梢生长量、叶片大小至关重要。土壤中的水分无论是吸着水或毛管水均可供柿树吸收利用，当土壤内水分减少到不能移动时的水量称为"水分当量"，当土壤中含水量减少至水分当量时，柿吸收水分的机制受阻，树体进入缺水状态，所以必须在土壤水分含量达到水分当量之前及时灌溉，否则就会出现凋萎，呈现旱象。不同土壤的最大持水量、水分当量、萎蔫系数是不同的。实际上土壤含水量达20%时，枝条停止生长；低于16%时，新根不再发生，果实也不再长大；12%以下，则叶片萎蔫。

35. 灌水时期如何确定？

应根据柿树需水的以下几个关键时期进行灌水。

花前 北方一些地区春季干旱少雨，花前灌水有利于开花、新梢生长和坐果。此时若水分不足，将使生长变弱，花器发育不良，导致后期落花落果，产量下降。

新梢生长和果实发育期　此时柿树的生理机能最旺盛，如水分不足，则叶片夺去幼果的水分，使幼果皱缩而脱落，导致严重落果，产量显著下降。

果实膨大期　此期柿树需水量最大，以供果实膨大和花芽分化。及时灌水可有效提高产量，又可形成大量有效花芽，为连年丰产创造条件。

果实成熟前期　此期需水量也较大，若土壤缺水，可直接影响果个和品质。此次灌水可与秋季施基肥结合进行，有助于肥料的分解，增强树体抗寒能力，从而促进柿树翌年春季的生长发育。

36. 如何确定灌水量？

一般北方干旱地区，每株成年树灌水100～150 kg，幼树50～100 kg不等，结果多的年份要多浇一些，结果少的年份可相对减少灌水次数和量，灌水时期视土壤干旱情况、土壤的水分当量和气候情况而定。最适宜的灌水量应在一次灌溉中，使柿树根系分布范围内的土壤湿度达到最有利于柿树生长发育的程度。一般深厚的土壤，1次需浸湿土层1 m左右，浅薄土壤，经过改良，也应浸湿0.8～1 m。

图24　柿树滴灌

一般年份，春季干旱，少雨多风，应当在萌芽前和开花前后各灌一次水，在施肥后灌水以促进养分被及时吸收利用。灌水的方法很多，在水源丰富时可用地格子法、沟灌法、穴灌法，待水渗入土壤后及时覆土或盖草保墒，或待土壤稍干时进行中耕保墒。水源不足用穴灌法，在树冠下挖30～40 cm见方的穴数个，将水倒入穴中，待水渗入土中后覆土。经济条件好的地方可用滴灌（图24）、渗灌或喷灌等节水灌溉方法。如果在灌溉后用地膜覆盖，保墒效果更好，灌溉的次数可以减少。

37. 如何排水？

排水不良可使柿树根的呼吸作用受到抑制，土壤通气不良，妨碍微生物，特别是好气细菌的活动，从而降低土壤肥力。在黏土中，大量施用硫酸铵等化肥或未腐熟的有机肥，如果土壤排水不良，肥料进行无氧分解，易使土中发生一氧化碳或甲烷、硫化氢等还原性物质。

在柿园多雨季节或一次降雨过大造成果园积水成涝，应挖明沟排水。在河滩地或低洼地建柿园，雨季时地下水位高于柿树根系分布层，则必须设法排水。土壤黏重、渗水性差或在根系分布区下有不透水层时，易积涝成害，必须搞好排水设施。盐碱地柿园下层土壤含盐高，会随水的上升而到达表层，造成土壤次生盐渍化。因此，必须利用灌水淋洗，使含盐水向下层渗漏、汇集排出园外。

一般平地柿园的排水系统，又分明沟排水与暗沟排水两种。明沟排水是在地面挖成的沟渠，广泛地应用于地面和地下排水。地面浅排水沟通常用来排除地面的灌溉储水和雨水。暗管排水多用于汇集、排出地下水。在特殊情况下，也可用暗管排出雨水或过多的地面灌溉储水。

六、柿整形修剪及花果管理

1. 什么是整形修剪？整形修剪有何作用？

整形是根据柿树的生物学特性，结合一定的自然条件、栽培制度和管理技术，形成在一定空间范围内有较大的有效光合面积，能担负较高产量，便于管理的合理树体结构。修剪是根据柿树生长、结果的需要，用以改善光照条件、调节营养分配、转化枝类组成、促进或控制生长发育的手段。整形要依靠修剪才能达到目的，而修剪又是在确定一定树形的基础上进行的。所以，整形和修剪又有着密切的关系。

柿树整形修剪是在科学管理的基础上，调节树势，维持地上部与地下部的平衡，解决生长与结果的矛盾，改善柿树通风透光条件；控制枝条旺长，防止树体衰老，通过整形修剪延长寿命；控制花、果数量，以克服大小年现象，提高产量。同时冬季修剪，也有清理树体、防治病虫害的作用。

2. 整形修剪的目的是什么？

整形的目的　是根据品种特性，结合立地条件进行人工诱导，使主、侧枝分布合理，形成牢固的骨架，构成通风透光的良好树冠，充分利用空间，提高光能和肥水的利用率，以达到早结果、结好果、连年丰产稳产的目的。

修剪的目的　根据单位面积的栽植密度、逐年光能利用情况及生长结果的变化，通过疏枝、短截、拉枝等作业方法，控制枝量，并使枝条定向伸展，不断地合理调整柿树最合理的群体与个体的关系，将树冠控制在一定范围内，便于操作管理，提高功效，从而保证达到优质、丰产、高效的目的。

3. 整形修剪的原则有哪些？

要符合柿树特性，做到：有形不死，随树造形；均衡树势，主从分明；以疏为主，抑强扶弱。

适合立地条件，肥水地可冠大、疏散，瘠薄地宜冠小、紧凑，坡地树冠上高下低。光照不足处骨干枝要稀，叶幕层要薄。

树势强而不徒长，幼树扩冠提早结果，结果母枝有定量，果见光而无灼，结果部位靠近骨干枝。

4. 整形修剪的作用是什么？

未经整形修剪的放任树，树体结构不合理，骨干枝紊乱，骨架不牢，树势容易衰弱，枝条细短，内膛枝易枯，结果部位外移，零星种植的呈伞形结果，成园栽培的仅上层结果，下层光秃。通风透光不良，病虫害多，树体管理困难，产量低，果实小，品质不好。

经过整形修剪的树，结构合理，骨干枝有序，骨架牢固，树势强健，枝条粗壮。通风透光良好，病虫害少，树体管理容易，结果部位不外移，立体、均匀结果，产量高，果实大品质好。

5. 柿树的骨架都有哪些？名称叫什么？

主干指地面至第一个分枝的树干部分。领导干主干以上，着生主枝的树干部分。主枝是领导干上着生的一级分枝，其上着生有侧枝、结果枝组等，是永久保留起主要作用的枝条。侧枝是在主枝上着生的分枝，其上着生结果枝组、结果母枝和营养枝等，也是永久保留的枝条。结果枝组在主

图25 柿树的骨架

枝或侧枝上着生，其上着生结果母枝群，结果母枝直接着生在分枝上或在再分枝上着生。柿树的骨架见图25。

6. 枝条的种类有哪些?

●以枝条性质区分。结果母枝,能生长结果枝的1年生休眠枝。结果枝,能着生花、果的新梢。发育枝,不能着生花、果的新梢。

●以枝条萌生季节区分。春梢为春季萌生的枝段。秋梢是春梢上在秋季生长的枝段。

●以枝条年龄区分。1年生枝,经过1年生长的枝条。2年生枝,经过2年生长的枝条。多年生枝,经过2年以上生长的枝条。

●以枝条生长势区分。纤细枝,生长势极弱,基径在3 mm以下。弱枝,生长势弱,细短,尖削度大,基径为3～5 mm粗的枝条。壮枝,生长势强,尖削度小,长20 cm、基径6 mm以上的枝条。徒长枝,生长旺盛,长达1 m以上的枝条。

7. 柿芽的种类有哪些?

●以枝条上着生位置区分。伪顶芽,位于枝条的顶端,因枝条停止生长时生长点枯死,侧芽代替了顶芽,所以称伪顶芽。侧芽,除伪顶芽以外的腋芽。

●以同一芽中所处的位置区分。主芽,位于芽的正中,芽尖常露在鳞片外面。副芽,位于鳞片下,因被鳞片所包,除个别品种外,一般看不到。

●以芽的饱满程度区分。饱满芽,位于枝条上部,芽大而饱满,多数品种芽尖微露。次饱满芽,位于枝条中下部,芽大、稍扁,主芽被鳞片所包。弱芽,位于枝条下部,微见鳞片。

8. 柿树的生长特性是什么? 修剪时应注意什么?

树体高大 放任生长的柿树树体高大,盛果期大树一般高达6～10 m,而百年以上大树可达15 m以上,整形修剪时应注意控制树高。

幼树直立,发枝多,易徒长 幼树生长旺盛,特别是坐地苗,嫁接的生长更旺,发枝多而直立上伸,枝条长,常有二次生长,春梢可达1 m左右。移栽的树由于根系缩小,破坏了地上部与地下部的平衡,生长势较弱,幼树枝条因顶端优势的关系,树冠常呈上强下弱的趋势,使树姿像"包心白菜"一样,枝条基角很小。在整形修剪时,要采取诱枝、拉枝、去直留斜等方法开张枝条伸展的角度。

成枝角向下渐大 柿树生长旺盛的枝条，近顶端的枝条成枝角很小，多呈锐角，生长势强；向下的枝条越来越弱，成枝角也逐渐变大成为钝角。成枝角小的枝条，几年后虽然已经变粗，从外表看起来很结实，实际上分杈处是腐朽的，遇风暴的压力或负担过重时容易劈裂。成枝角小的枝条负重小，易劈裂；成角大的枝条能负重，不易劈裂。修剪时要选成枝角大的作为骨干枝，并要留预备枝，以免主枝折断后造成不可挽回的损失。

柿木质硬、脆，易折断，也容易腐朽 柿与苹果、桃等不同，枝条缺乏韧性，在枝条尚未长粗之前，不可攀登。在整形时要留预备枝，结果枝也要尽量靠近骨干枝，不要着生在距骨干枝过远的细长枝上，以免枝条因果实逐渐膨大、重量增加而折断。修剪时伤口需涂果树封剪油、油漆、接蜡等防腐剂。

柿喜光，当直射光照不足时枝条容易枯死 放任树因枝条自由伸展，结构不合理，叶幕层太厚（往往超过1m以上），下部隐蔽的枝条由于直射光照不足，逐渐枯死。因而枝干光秃，结果部位外移。密植园修剪时要注意通风透光，特别是加密栽培的情况下，当相邻树冠接触时，对加密株要及时回缩。经过整形修剪的柿园，树冠内局部枝条过密，下部和内膛枝条受直射光不足，也会有枯枝发生，要及时疏枝，加强通风透光。

隐芽寿命长而且极易萌发 柿与桃梨等果树不同，隐芽寿命很长，几十年，甚至百年以上大枝的隐芽仍可萌发。由于外因的刺激或地位的改变，隐芽很容易萌发，特别是副芽比弱芽所形成的隐芽更易萌发。修剪时，将这一特性用于枝条更新，或用来补空，可以改造树形。

地上部与地下部保持平衡 无论小树或大树，在正常生长时，地上部的枝叶多少、长短、粗细和大小与地下部根系分布的深广、根系分歧的多少是保持着相对平衡的，一旦平衡遭到破坏，地上部和地下部的生长量会朝着不平衡方向发展。例如柿苗出圃或柿树移栽时，根系被切断，根量减小，地上部和地下部平衡遭到破坏，于是在新的生长年中，地上部表现为萌发的枝条短而细弱，叶片变小。又如大树高接或更新修剪时，地上部极度缩小，平衡遭到破坏。在新的生长年中，地上部隐芽大量萌发成徒长枝，而且叶片特大，可通过尽量增加地上部生长量来达到维持地上部与地下部平衡的目的。

大枝弯曲处极易发生徒长枝 会削弱先端枝的生长势，修剪时要注意延长头的方向。

强枝上发枝多而强，弱枝发枝少而细　枝的强弱表现在长度与粗度两个方面，若长度相同则粗的生长势强，如果粗度相同则长的生长势强，修剪时掌握修剪量的轻重。

9. 如何正确运用柿树生长的优势与劣势？

顶端优势与侧位劣势　无论是直立的枝条或斜伸的枝条，顶芽所萌发的枝条生长势强而且粗壮，距顶芽越远的侧芽萌生的枝条也越细弱。

上位优势与下位劣势　水平粗枝上着生的上位芽萌生的枝条粗而长，发枝多而旺；侧上位芽，萌生枝条也较粗壮，发枝也较多；侧位芽萌生的枝条生长势和发枝数中庸；侧下位芽萌生的枝条生长略弱，发枝较少；下位芽不易萌发，生长势最弱，发枝也少。斜伸枝、水平枝上的芽及粗枝弯曲处，容易萌生徒长枝，会削弱先端枝的生长势。

粗枝优势与细枝劣势　粗枝的养分多，细枝的养分少。粗枝短截后在截面附近能发生许多徒长枝，细枝短截后发枝较少。距离粗枝越近，萌发的枝条越粗壮，所结的果实大；距粗枝越远，萌发的枝条越细，所结的果实小。可利用此特点调节树势，或对结果枝组进行更新。

挺直优势与曲折劣势　枝条挺直的，养分输送通畅，生长势旺；枝条曲折的，养分输送不畅，生长势衰弱。在修剪时，利用挺直优势，可增长树势；相反，利用曲折、揉枝可缓和树势。

垂直优势与水平劣势　茎有背地性，表现出其垂直优势，如果将枝拉斜或拉平，生长势减弱。同是顶芽萌发的枝条，直立生长的生长势最强，斜伸的次之，水平的较弱，下垂的更弱。生长势相等的枝条，直立的发枝多，水平的发枝少，下垂的更少。因此，在整形时主枝开张角要求应适当，不能误认为成枝角越大越好。

10. 柿树有哪些树形？

树形的构成，要符合柿树的特性，又要力求增加产量、提高品质和便于管理。因此，柿的基本树形以自然开心形（图26）和变则主干形为宜。此外，尚有疏散分层型、自然纺锤形、双主干形、Y形等，究竟采用何种树形好，应根据品种、栽植密度、地形等综合因素而定。一般树姿开张的品种用自然开心形，较直立的品种以变则主干形为宜。但也应考虑地形、栽培管理的因素，如在坡地栽植较直立的品种，若用变则主干形，则因树体过高，管理很不方便，宜用自然开心形。柿的树姿与树势在个体间差异很大，开张的品种在完成自然开心形的整形过程中，若地力好，枝条多直立粗壮，应改为变则主干形。相反，在完成变则主干形过程中，对开张的树，应极早开心改为自然开心形。总之，在实际生产中对树形不可强求一致，应根据实际情况因树整形。

图26　自然开心形

11. 如何进行自然开心形整形？

自然开心形的树体结构主枝数以3个为宜。若主枝3个以上，成龄以后树冠显得非常紊乱，无法改造。生长势强的品种在肥沃地栽培时，有3个主枝的品种树势稳定早。为了机械作业方便，路边的树以2个主枝为宜。

主枝位高低对枝条伸长和树势影响很大，位置低的生长势强，位置高的生长势弱。主干的高低取决于经营方式、机械化程度、坡度、地力等情况。一般平地栽培的柿树，主干距地面40～60 cm为宜，主枝间距离不宜太近，太近会造成"卡脖"现象，不仅主干容易劈裂，而且树液流动不畅，树冠内枝条也容易紊乱。第一主枝与第二主枝的间隔距离以30 cm左右为宜，第一主枝与第三主枝之间距离20 cm以上。坡地栽培的柿树，主干以距地面30～40 cm为宜。主枝水平分布各占120°，即两枝夹角为120°。为了树冠在园内均匀分布，奇数行每株树的第一主枝都要朝一个方向，偶数行的第三个主枝都朝另一个方向。坡地栽培的甜柿，为了便于管理，第一主枝应朝下坡方向，这样，树冠低，第三主枝生长也健壮。主枝成枝角大小非常重要，随着树的长大，结果量不断增加，主枝的负担日益加重，成枝角太小的，基部常受粗皮阻隔，结合不牢，负担过重容易劈裂。从实践经验来看，第一主枝成枝角50°以上，第二主枝45°以上，第三主枝40°以上为宜。下部枝主枝比上部的生长势要强，所以角度要大。如果角度过大，结果虽早，但枝条先端容易下垂。主枝是树的主要骨架，要求挺直粗壮，对延长枝应在修剪、诱导、疏果等方面下功夫。每个主枝上的侧枝以2个为宜，侧枝过多，难免出现重叠枝和平行枝，结果枝组就很难安排，主枝先端也易变弱。如果株行距很宽，树冠也很大，每个主枝可各留3个侧枝，第一侧枝的位置，不能太靠近主枝基部，一般要距基部50 cm以上，第二侧枝的位置应距第一侧枝30 cm以上。作为侧枝应选侧面或侧下方萌发而成的壮枝进行培养，为了避免与邻接的主枝或侧枝争空间位置，各主枝上的第一侧枝都留在左侧，第二侧枝都留在右侧，相邻侧枝的高度也不能一致，应互相错开，形成立体结果。留侧枝时多留几个预备的，以免发生意外。侧枝的完成需5~6年时间。图27为自然开心形的修剪示意。

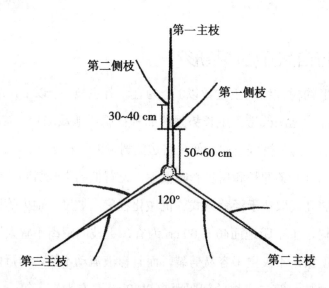

图27　自然开心形的修剪示意（水平结构）

12. 如何进行变则主干形修剪？

一般由4~5个主枝组成，随着管理水平的提高，逐渐推行低冠栽培，除土壤深厚栽植的树势特强的品种外，以4个主枝为好。主干比自然开心形略高，间隔距离也较宽。开始留主枝时，不必像自然开心形那样明确，可以多留几个，逐年选留，5~7年形成骨架。主枝不要重叠，也不能平行，第一与第二主枝、第三与第四主枝都基本成180°，4个主枝成十字形排列。为了防止劈裂，要选成枝角大的作为主枝，因主枝的间隔距离大，尽量挑选理想的枝条作为主枝。一个主枝上留1～2个侧枝，全树有7个左右即可，位置与角度可参照自然开心形。当最后一个主枝选定以后，在其上方锯去中央领导干，这样便完成了变则主干形的整形，完成整形需5～6年时间。

无论何种树形在主枝和侧枝上培养结果枝组或结果母枝，数量多少、配置是否适当，决定了结果量的多少。其数量多少应视主枝或侧枝的生长势而定，位置、方向要互相错开。结果枝组和结果母枝是否强壮，与其在主枝、侧枝上的芽位有关。下位芽萌发的枝条生长较弱，光照不足，果实品质差，枝条也容易枯死；上位芽萌发的枝条，生长过旺，容易徒长，坐果率低，易与主枝或侧枝争夺养分，使之衰弱。所以从两侧着生的芽萌发而成的结果枝组或结果母枝最好。图28为变则主干形修剪示意。

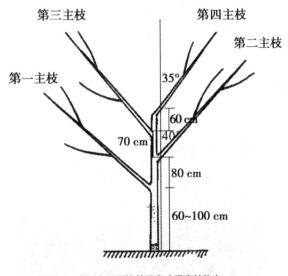

图28　变则主干形修剪示意（垂直结构）

13. 如何进行自然纺锤形的修剪？

适于干性较强的品种。树体结构：干高60～80 cm，树高3.5 m左右。中心干通直或略弯曲生长，其上错落着生8～12个主枝。主枝不分层或分层，上下重叠主枝间距不小于80 cm。主枝开张角度70°～80°，主枝上不着生侧枝，直接着生背斜侧结果枝组。下层主枝较大，向上依次减小，树冠呈纺锤形（图29）。

图29 自然纺锤形

14. 如何进行疏散分层型的修剪?

适于干性较强的品种。树体结构(图30):干高60～80 cm,中心干通直生长,树高3.5～4 m。主枝在中心主干上成层分布,第一层主枝3～4个,第二层主枝2～3个,全树主枝不超过7个。同层主枝间距20～30 cm,层与层之间保持80 cm的层间距。主枝开张角度50°～60°,主枝上着生3～5个侧枝,主侧枝上着生背斜侧生结果枝组。下层主枝较大,上层主枝渐小,树冠成圆锥形或半椭圆形。

图30 疏散分层型

15. 柿树何时进行整形修剪?

在一年中大约需修剪3次,即冬季修剪、春季修剪和夏季修剪。冬季修剪在将近落叶时开始,早剪有利于在剪口附近形成混合芽。首先是对过长的夏秋梢进行短截,以避免枝条过长,树冠生长过快。剪口应在春夏梢或夏秋梢分界处，因为在春梢或夏梢的上端易形成混合芽。冬季修剪的另一作用是清园，将病虫枝剪除，将枯枝落叶深埋或集中烧毁，对树干进行涂白，树冠喷洒3～5波美度石硫合剂，清除越冬病虫。在寒冷地区，鉴于幼树抗寒力差，伤口不易愈合的具体情况，冬季尽量少修剪或不修剪，将冬季修剪放到早春枝芽萌动前15天左右(3月上中旬)进行。

16. 整形修剪的方法都有哪些？

疏枝 将枝条从基部全部剪去。对过密、过弱、干枯、病虫、交叉枝等多用此法。可以改善光照条件，对母枝有削弱生长势、减少加粗生长的作用，有利于营养的积累和花芽形成。疏枝伤口能削弱和缓和伤口以上部分的生长量，对伤口以下部分则有促进作用。

短截 即剪去1年生枝条的一部分（图31）。根据剪截长度的不同可分为轻截、中截、重截等。短截对枝条生长有局部刺激作用，能促进剪口以下侧芽萌发，可培养壮枝结果，增加营养面积。短截程度和剪口芽不同，反应也不同。

缩剪 又叫回缩，指对多年生枝短截。其反应与缩截轻重和剪口所留枝或芽的情况有关。若回缩到有向上的壮枝、壮芽的部位，可促使后部发出生长势强的枝，即有显著促进生长的作用。常利用缩剪更新枝组、主枝或树体。

缓放 即对营养枝不修剪，以缓和生长势，有利于营养物质积累和花芽的形成。

抹芽 在新梢萌发后至木质化前进行。苗期的干上会萌发较多芽，为了集中养分，应将整形带以下的芽全部抹去。在主枝分杈处、疏剪后残桩处、粗枝弯曲处、大枝回缩及主干落头时锯口附近常萌生较多芽，可选留1～2个，其余全部抹去，以节约养分。

摘心 对旺长幼树的旺盛发育枝和大树内膛有利用价值的徒长枝，在其长至20～30 cm时摘心，促发二次枝。

环剥 环割、倒贴皮、大扒皮等都属于这一类。对健壮的幼树或生长旺盛不易结果的柿树，在开花中期进行环状剥皮简称环剥（图32），可在一定时间内阻碍树冠制造的养分向下运输，调节碳氮比，促进花芽分化。对已结果的树环剥可防止生理落果、提高坐果率。在主干上环剥时，可采用双半环上下错开的方法，两半环间距5～10 cm，环剥宽度应视树干粗细而定，一般0.5 cm左右，在急需养分期过后即能愈合为宜。早期环剥可稍宽，晚期环剥可稍窄。环剥时注意不要伤及木质部，以免造成折断或死亡。不能每年都进行环剥，以免削弱树势。弱树、弱枝不宜环剥。环剥后要加强树体及土肥水管理。

图31 短截

图32 环剥

17.如何进行柿幼树整形修剪？

图33 幼树整形修剪

幼树整形修剪（图33）指从定植后到结果初期的修剪。

生长特点 幼树生长旺盛，停止生长较迟，顶端优势强，分枝角度小，层性比较明显，隐芽萌发能力强，新梢摘心后能发出二三次梢。

整形修剪原则 选留强枝培养骨架，开张角度，扩大树冠，整好树形。及时摘心，疏截结合，增加枝级，促生结果母枝，为早期丰产打好基础。对幼龄结果树整形的重点是完备侧枝上的各级枝序，均匀地配置结果枝组。一般4～6级以上的枝序会自然形成结果母枝。对于一些直接着生在骨干枝上的营养枝，只要位置恰当，光照好，便可以留作结果母枝。如果其长势较强，则可对其进行环割或环剥，以削弱生长势。对于扰乱树形的徒长枝应及时抹除。

整形修剪方法 在苗木1～1.5m高时定干，发芽后留40～50cm的整形带，其余全部抹芽。生长1年后，冬季选留直立向上的枝条作为中央领导干。下部选留3～4个向四周均匀分布、角度开张的粗壮枝条作为第一层主枝，并在40～60cm处留一个向外生长的剪口芽短截。疏去少数过密枝和弱枝，对于其他旺枝可用环剥、短截、开张角度等方法控制生长。为使第一层主枝旺盛生长，须抑制中央领导干的顶端优势进行重截。第一层主枝争取在2年内完成。

待中央领导干长至第二层高度时，进行摘心或短截，使形成第二层主枝，同时选留第一层主枝上的侧枝，一般主枝上第一侧枝要距干基40～60cm，第为侧枝要留在第一侧枝的对面，两侧枝间约30cm的距离，而第三侧枝又与第一侧枝同向、与第四侧枝反向，第三侧枝与第二侧枝间距50～60cm，第三与第四侧枝间可稍近些。对于着生在第一层主枝上的直立向上伸展的延长枝或侧枝，须在未木质化时缚竿诱导或用撑、拉、吊、垂等方法开张角度，以尽快转变成结果枝组。如此3～4年后，骨架已形成，生长也渐趋缓慢，以后注意剪去过密的枝条，逐渐培养结果枝组。另外，在修剪过程中要依据整形为主，结果为辅的原则进行。

如柿果实大而重，为提高树体的负载能力，骨干枝的角度不宜过大。一般主枝与主干间的夹角要控制在55°～60°。角度过大，树势容易缓和，有利早结果，但骨架不牢，树体容易上强下弱。所以，幼树拉枝时，一定要适度，一般辅养枝与骨干枝之间的角度也不得大于75°。

18. 春季如何进行柿树修剪？

春季修剪在春季抽梢现蕾后到开花前进行，对幼龄结果树主要有5种处理方法：

对上年冬季缓放的结果母枝春梢段、夏梢段均抽发结果枝的，宜尽早将上部的夏梢段剪去，保留春梢段的结果枝结果。如夏梢段或秋梢段抽发营养枝，而春梢段抽发结果枝的，也应尽早将夏梢或秋梢段剪去。春梢、夏梢、秋梢均弱的，全部抽发营养枝的则回缩到春梢段。

对结果母枝上抽发过多结果枝，导致结果枝密集时，可疏去部分结果枝。

对冬剪时留枝过多，春梢抽发后发现树冠过于密集的或有扰乱树形的枝，可在春季进行疏枝，剪口宜涂药保护。

将近开花时，对仍未停止生长的结果枝及营养枝进行摘心，一般在最上面一朵花上方留6～8片叶摘心。注意留叶不能太少，太少时一是不利于为将来的果实发育提供足够养分；二是若挂果少，该枝仍旺，会抽发夏梢，对夏梢反复摘心后，春梢留叶少的枝在冬剪时留芽少，不利于下年连续结果。若在开花前自然封顶的枝梢，可不必摘心。

对发现有炭疽病危害的春梢，宜尽早剪除，减少花后对幼果的传染。

19. 夏季如何进行柿树修剪？

夏季修剪在谢花后进行。首先是对抽发的夏梢，展叶前留2～3片叶反复摘心，使其少消耗养分；其次是在第一次生理落果后即进行疏果，一般根据枝的负载量定果，强枝留2～3个，中等强枝留1～2个，弱枝不留果或留1个。同一结果枝上的两个果要留有一定距离，以避免将来果实发育膨大后拥挤。为防止炭疽病造成落果，留果量可适当比计划产量多些。另外，对幼龄结果树一般可以不保留夏梢、秋梢，在反复摘心控制后，冬季修剪宜在春梢与夏梢、秋梢交界处短截，只利用春梢作下年结果母枝。

夏季对幼树进行拉枝处理，可促进早结果、早丰产。拉枝主要是拉主枝和辅养枝。主枝角度拉成50°～70°，辅养枝拉成70°～80°。一般在6月上旬至7月上旬进行。拉枝时用左手托住被拉枝的基部，右手握住上部，进行软化后用铁丝或绳子拉住固定即可，但不要反方向拉，也不要拉劈裂或拉成弓形。

20. 盛果期柿树如何修剪？

柿树一般生长8～10年进入大量结果期，这一时期的长短，主要受栽培技术的影响。

生长特点 此期树体结构已形成，树势稳定，产量上升，树体向外扩展日趋缓慢。大枝出现弯曲，易与邻枝交叉，下部细枝易枯死，结果部位出现外移现象。随着树龄的增加，内膛隐芽开始萌发，会出现结果枝组的自然更新。及时更新，是盛果期保持树势不衰的关键。柿树结果枝的寿命只有2～3年，应充分利用隐芽寿命长、萌发力强的特性进行多次更新，以保持树势不衰，延长盛果期的年限。

修剪原则 根据品种特性和树势强弱采用适宜的修剪方法，做到因树修剪，随枝作形。在力求保持树冠整体均衡的基础上，采取以疏为主，短截为辅，疏剪与短截相结合的修剪原则。

修剪方法 调整骨干枝角度，均衡树势。对过多的大枝应分年疏除，有空间的可留短桩，促使隐芽萌发更新枝，培养成结果枝组，填补空间，增加结果部位。疏除过多大枝可改善内膛光照条件，促使内膛小枝生长健壮，开花结果。对大型辅养枝和结果枝组，要缩放结合，左右摆开，使枝组呈半球状，树冠外围呈波浪状。同时要对大枝原头逐年回缩，抬高主枝、侧枝角度，扶持后部更新枝向外斜上方生长，逐渐代替原头，以提高主枝角度，恢复生长势。

疏缩相结合，培养内膛枝组。疏除密生枝、交叉枝、重叠枝、病枯枝等，对弱枝进行短截。当营养枝长20～40 cm时可短截1/2或1/3，以促使发生新枝，形成结果母枝。雄花树上的细弱枝多是雄花枝，应予保留。对膛内过高过长的老枝组应及时回缩，促使下部发生更新枝；对短而细弱的枝组应先放后缩，增加枝量，促其复壮。

对下垂严重、后部光秃、枝叶量小的中型枝作较重回缩，一般应回缩到5年生前的部位，起到压前促后，巩固结果部位的效果。树体达到相应高度，上部遮阴严重时，要及时落头开心，解决内膛及下部的光照矛盾。

利用徒长枝培养新枝组或更新枝组。内膛有时发出较多徒长枝，应根据空间选留一部分生长健壮、部位好、发展空间大的，待长到15～30 cm时进行摘心控制；也可于冬季修剪时短截到饱满芽处，控制其高度，促生分枝，培养成新的结果枝组填补空间；如无空间可疏除。由徒长枝培养的枝组生长能力强，结果能力也强，应注意利用。

去弱留强，壮枝结果，多留预备枝，克服大小年。柿树的产量主要取决于结果枝组上结果母枝的多少和强弱。一般结果母枝长10～30 cm、粗0.4～0.7 cm时结果能力最强。结果母枝过多易造成大小年现象，修剪时应先确定预留的结果母枝数，大年时可将结果枝、发育枝或部分结果母枝在1/3处短截，让其抽生新枝作为预备枝，春季萌发后，可抽生2个壮枝而形成健壮的结果母枝，也就是截一留二的修剪方法。此外，也可短截上年结果的枝条，留基部隐芽或副芽，生长季内可萌发抽枝，转化成为结果母枝，即所谓的双枝更新法。

如结果枝在结果的当年生长势弱，多数不能形成结果母枝而连续抽生结果枝的枝条，也可采用同枝更新修剪法，修剪时回缩到分枝处。对一些成花容易的品种，大年时也可对一部分结果母枝截去顶端2～3个芽，使上部的侧生花芽抽生结果枝，下部叶芽抽生发育枝形成结果母枝，为翌年结果打下基础。

利用副芽更新。副芽体大，萌发抽枝能力强。因此，在更新修剪时，要保护剪截枝条基部的两个副芽。如剪留得当，两个副芽很容易抽生出10～30 cm长的"筷子码"。这样的枝条，抽生结果枝的能力强，寿命长，应重点进行培养。

21. 衰老期的柿树如何修剪?

盛果期过后，柿树进入衰老期，树势极度衰弱，小枝、侧枝不断死亡，树冠内部光秃，枝条细弱，产量下降，严重出现大小年现象，更甚时无产量。

回缩衰老大枝　对衰老大枝进行回缩，回缩到后部有分枝或徒长枝处，让新生枝代替大枝原头斜向前延伸生长。对弯曲下垂的大枝要回缩，抬高角度，生产中应采取上部落头要重缩，下部大枝轻回缩的方法。回缩大枝要灵活运用，衰老一枝回缩一枝，整株衰老，整枝回缩。回缩时要避免过重，防止发生徒长性大枝，对徒长枝要及时摘心或剪梢，避免内部光秃，培养结果枝组。

培养新骨干枝　内膛发生的徒长枝是恢复树势的好材料，应加以保护利用，适时摘心、短截，把促发的新枝培养成新的骨干枝，以恢复树冠。形成新的结果枝组对内膛萌发的大小更新枝，应疏密留稀，疏弱留强，适时促壮，促发新枝形成新的结果枝组。柿衰老树的更新见图34。

图34　柿衰老树的更新

22. 放任柿树如何修剪？

生长特点 树体高大，骨干枝密集，互相穿插，外围枝密、细、下垂，枯枝多，内膛光秃，结果部位外移，实际结果面积少，徒长枝多，开花少，产量低而不稳，品质差，大小年结果现象严重。

修剪原则 因树造形，灵活修剪，对大枝过多的要逐年疏除，以维持产量。对树体过于高大的要分期落头，以利下部光照而促发新枝。对内膛光秃的要利用徒长枝培养结果枝组。

修剪方法 对树体高大的要对中心干分期落头：开心，改善光照条件，促进中下部枝叶的生长。内膛萌发壮枝后，可补充空间，一般将树高控制在5～7 m。

●对大枝应采取疏剪和回缩相结合的方法。对密集、开张角度小、光照不良的骨干枝，分数年逐步疏除，打开层次。每株骨干枝数量保留5～7个，将树形改造成疏散分层型或多主枝半圆形。适当回缩或疏除重叠枝、并生枝、徒长枝、细弱枝和衰弱的当年生结果枝。疏除的枝条直径在2 cm以上的，要留1～2 cm短桩。对生长较弱的小枝则在年轮上方留0.5～1 cm戴活帽回缩，能促发2～5个壮枝，大部分当年即可成花，成为结果母枝，翌年结果。下垂枝从弯曲部位回缩更新，抬高枝头角度，促使后部萌生分枝。对出现衰弱的主枝进行重回缩，缩到后部有新生小枝处。适当选留粗度0.6 cm以上、长度20 cm左右的发育枝。有空间的徒长枝在冬季修剪时留25～30 cm短截，以培养结果枝组。

●注意内膛结果枝组的培养。对于长度在30 cm左右的充实新枝，修剪时可短截培养成结果枝组。对于长度在1 m左右的徒长枝，应根据空间剪留，在枝密处或邻近有结果母枝的可疏去；在光秃部位的适当短截，留30～60 cm，或对徒长枝进行适时摘心，促使发枝，转化成结果母枝。对内膛过高过长的老枝组及时回缩，对短而细弱的枝组先放后缩，增加枝量，促其复壮。

●精细修剪，更新枝组。疏去过密的多年生无结果能力的枝组，使留下的枝组分布均匀，做到大、中、小型各占一定比例；对多年生的冗长枝组疏去3～5年生部分，后部枝借用苹果修剪的"打概"法保留3～5 cm，促使潜伏芽萌发新枝，重新培养；根据柿树壮枝结果能力强、落花落果轻的特性，疏弱留壮，以便集中营养供应壮枝结果；对强壮结果枝上的发育枝进行短截，作为预备枝交替结果。

●夏季修剪时去除剪口、锯口处多余的萌蘖。对有空间的壮旺新梢，在15 cm长时反复摘心，增加分枝，促进成花。短截或疏间竞争枝，拉平缓放直立大枝，促生结果母枝。每个结果母枝留1～2个果，其余全部疏除。

23. 矮化密植柿树如何整形修剪?

柿树采用矮化密植整形修剪技术，可2～3年见果，5～6年进入盛果期，一般情况下6年生每亩产量达560 kg。密植树形采用改良纺锤形。干高50cm，基部有3个主枝，层内距约25 cm。在主枝以上近40 cm干上着生8～10个侧分枝，侧分枝间距15～20 cm，错落排列。主枝上着生中、小型结果枝组。成形后树高约3 m，冠径约2.8 m。

柿树栽植后在80～100 cm处定干。萌芽后选留2～3个新梢，培养基部主枝。夏季在主枝以上中干80～100 cm处摘心。翌年萌芽前，轻剪主枝延长枝，剪去枝条的1/5。疏除主枝内膛过密的细弱枝、徒长枝，适当选留主枝上的部分新梢培养结果枝组，当其30～40 cm长时进行摘心，并拉枝开角。定植第三年对主枝和中干上部的修剪方法同前两年。夏剪缓放拉平侧分枝；新梢长30 cm时进行摘心；对背上直立枝反复摘心，以增加分枝；疏除过密的徒长枝。5月下旬环剥侧分枝和大型结果枝组，剥宽为3 mm，对主干环割2～3道，以促进提早成花和提高坐果率。

24. 柿开花结果都有哪些习性?

柿的花芽是混合芽，花芽在枝条顶端，粗壮的结果母枝萌发的结果枝多，结果也多。雌花着生在结果枝的中部，雄花着生在弱枝上。因此，在修剪时如果是作为授粉用的柿树，除过密的枝条以外，细枝不要疏去。

隔年结果现象经常发生。柿的花芽分化时，正是幼果迅速膨大时期，果实膨大需要大量养分，养分不足会导致花芽分化不良，下一年结果少。下一年花芽分化时，因结果少所消耗养分不多，花芽分化良好，第三年结果多。如此反复，便出现隔年结果现象。

生理落果多。柿生理落果较其他果树严重，尤其在授粉不良、修剪不当，或栽植过密、病虫危害时更为严重。

25. 柿何时进行疏花疏果？

疏花疏果是为保证能结出大果和连年稳产高产的一项重要措施。疏花疏果时间越早效果越好，但柿树要在6月底正常的生理落果结束后再定。

疏花最适期是在结果枝上第一朵花开放起至第二朵花开放时结束。结果枝上保留1～2朵开花早的，其余全部疏除。

疏果宜在生理落果即将结束时进行，应注意留下来的果数与叶片数要有适当的比例，1个果应有20～25片叶。疏除发育不良的小果、畸形果、病虫果、萼片受伤的和向上着生的易发生日灼的果，保留侧生果和个大、匀称、萼片大而完整的果。

26. 如何进行疏花疏果？

一个结果母枝上应保留几个柿果，可视结果母枝的长度而定。一般来讲，35 cm 以上的结果母校保留3个果，20～30 cm 的留2个果，10～20 cm 的留1个果，10 cm 以下的结果母枝条当年可不让结果，留待下一年培养成结果母枝。柿树的叶片数可以作为疏果的标准。叶片的标准数量，生长20年的柿树1个果应有15片叶，20～30年的壮年树1个果应有20片叶，40年以上的老树1个果应有25片叶。

疏果后保留下来的应是蒂大、萼片整齐、花柱痕愈合好、果顶丰满、果皮无伤无病虫、向下着生不发生日灼的柿果。

27. 柿生理落果的原因是什么？

柿的生理落果在一般情况下有两个较集中的时期。一是谢花后3～5天开始的第一次生理落果，二是盛花期后25～30天的第二次生理落果。

生理落果是由树体内部营养失调引起的，与品种、树龄、树势、结果部位等因素有关。

果与枝叶间争夺养分或果与果间争夺养分，如光照不良，施肥不合理，水分过多或过少，都可造成落花落果。幼树营养生长过旺、重剪之后新梢徒长或延迟伸长，树体为达到地上与地下的平衡，由生殖生长转向营养生长，也会引起落果。枝条不充实，营养积累少，影响养分运输和供给。叶面积不足，影响光合作用的正常进行，净光合率低，营养积累少，不能满足开花坐果和果实发育的需要。

授粉不良也可引起落果。单性结实能力强的品种，如磨盘柿，自身含有较多的花粉激素，不存在授粉问题。而有些品种特别是甜柿必须经过授粉方能正常结果，就容易发生雌花脱落或果实脱落的现象。

28. 如何防止生理落果？

加强管理，使柿树根深叶茂，树体健壮，自身的调节能力增强，抵抗不良外界条件的能力就强。

培养健壮的结果母枝 健壮的结果母枝本身储备营养比较丰富，花芽质量高，健壮的结果枝坐果较稳。必须施好夏秋梢肥，配合进行根外追肥，直接补充叶面营养，并尽可能地在其落叶前摘心，促其老熟，争取推迟落叶期，使其在落叶前能制造更多的养分。

花期环割或环剥 对生长势不太旺的树，可在主干或主枝上环割1～2圈，深达木质部，剥口宽0.3～0.5 cm，环剥后对剥口涂抹杀菌剂保护，如用300～500倍甲基硫菌灵溶液涂抹，再用塑料薄膜包扎起来。环割在初花期进行第一次处理，谢花后10天再进行1次。环剥则在盛花期进行一次即可。也可用12～14号铁丝在花前一周捆扎枝干勒断树皮，20～25天再将铁丝解开。环剥可提高坐果率23%以上，并对花芽分化有促进作用。

在花前或花期喷洒微肥、稀土与激素调节 幼果期喷ABT增产灵或花期喷0.1%硼砂，0.8 mg/kg的三十烷醇，0.1%钼酸铵或绿旺1号、2号1 000倍液，可混合0.2%磷酸二氢钾及0.3%尿素，可明显提高坐果率。在盛花期5月底至6月初喷300倍尿素或喷稀土微肥益植素1 500 mg/kg。在7月中旬至8月初用ABT 4、7、8、9号增产灵15～20 mg/kg溶液喷1次。

控制氮肥，增施磷钾肥和补充锌肥 柿树的生长势较强，特别是幼年结果树更是生长旺盛，如不控制，则营养生长很易过旺，极难挂果。在春季要控制氮肥，即对生长势旺的树，春季不能多施含氮化肥，增施磷钾肥和锌肥很重要。早春要集中施磷，在春梢叶面追肥时可喷施锌肥和过磷酸钙浸出液。

加强水分管理 注意开沟排水防涝。同时应覆盖树盘，防止土壤干湿变化剧烈。

合理修剪 通过修剪使树体结构趋于合理，减少无用枝的消耗，使树上树下、树内树外协调生长。改善光照条件，有利于光合作用，可有效地防止落花落果。

配置授粉树 需授粉的品种应配置授粉树或进行花期放蜂和人工辅助授粉。如甜柿的大部分品种都需要配置授粉树，如富有、伊豆、松本早生、禅寺丸等。柿是虫媒花，主要是靠蜜蜂等昆虫传粉。为了提高授粉树的作用，可在柿园花期放蜂，约3.3 hm^{2}置一箱蜂为宜。柿园中配置好授粉树后，在蜜蜂正常活动情况下，不需人工授粉。若花期遇低温、刮风、下雨，蜜蜂的活动受影响时，为了确保授粉，最好采用人工辅助授粉。尤其在授粉树密度低或花期不遇的情况下，人工授粉更显重要。据试验，采用人工授粉的单株，果个大质优，生理落果少，但种子偏多。

加强病虫害防治 冬季清园消灭越冬幼虫，注意防治炭疽病、柿绵蚧和柿蒂虫，及时清除被害果实和枝条。防重于治。

七、柿安全生产与病虫害防治

1. 为什么要进行安全果品生产?

目前,在我国果树病虫害防治中,化学防治仍然占主导地位,化学农药的用量有逐年增加的趋势。大量使用化学农药,不仅造成害虫天敌的大量死亡,破坏果园的生态平衡,致使药物用量越来越大,防效越来越差,农药在环境中残留,还造成环境污染,更主要的是农药在果品中残留,还易造成农药残留毒性。果实中的农药残留超过一定数量,称为农药残留超标。农药残留超标的果品即为不安全食品,长期或大量食用就会影响人的身体健康,甚至造成急性或慢性中毒,危及生命安全。随着人们生活水平的提高,对食品安全的意识和要求也相应提高。

安全果品的生产条件和生产过程要求较高,但经济效益非常可观,价格通常高出普通果品一倍,甚至几倍。为实现柿产业的可持续发展,适应市场需求,获得较高的效益,就必须按照柿安全生产技术操作,生产安全无公害果品。

2. 我国食品安全生产都有哪些标准?

我国政府有关部门根据农产品生产条件和对农产品的质量要求,将优质、安全农产品分为无公害食品、绿色食品和有机食品。其标志见图35。

无公害食品 是指产地环境、生产过程和产品质量符合国家有关标准和规范要求,经认证合格,获得认证证书并允许使用无公害农产品标志的未加工或者初加工的食用农产品。

绿色食品 是指经专门机构认定,获得许可使用绿色食品标志的无污染的安全、优质、营养食品。绿色食品分为AA级和A级两种。AA级绿色食品是指在生态环境质量符合规定标准的产地，生产过程中不使用任何有害化学物质，按照特定的生产操作规程生产、加工，产品质量及包装经检测、检查符合特定标准，并经专门机构认定并许可使用AA级绿色食品标志的产品。A级绿色食品是指在生态环境质量符合规定标准的产地，生产过程中允许限量使用限定的化学合成物质，按照特定的生产操作规程生产、加工，产品质量及包装经检测、检查符合特定标准，并经专门机构认定并许可使用A级绿色食品标志的产品。

有机食品 是指来自有机农业生产体系，在生产和加工过程中不使用化学合成的农药、化肥、生长调节剂、添加剂等物质，以及基因工程植物及其产物，而是遵循自然规律和生态学原理，采取一系列可持续发展的农业技术，维持农业生态系统持续稳定的生产方式进行生产，经有机食品认证机构认证，允许使用有机食品标志的食品。

按照我国对无公害食品、绿色食品和有机食品的管理要求，在目前条件下，我国大部分果区应以无公害生产为主，在环境条件较好，具备一定生产能力的地区，积极开发绿色果品和有机果品。

无公害农产品标志　　　　绿色食品标志　　　　有机食品标志

图35　我国无公害农产品、绿色食品、有机食品标志

3.柿安全生产对土壤、灌溉水、空气质量有何要求?

柿安全生产要求栽培区具有良好的产地环境条件。产地，是指具有一定的栽培面积和相应生产能力的土地，要具有良好的生态环境，应远离城镇、交通要道（公路、铁路、机场、码头等）以及工矿企业；环境条件，是指影响果树生长的土壤质地，果园灌溉水中各种矿物质和有害物质的含量，果园的空气质量要符合国家规定的标准。

4. 目前果树生产上的农药危害如何?

农药在果树病虫害的防治中发挥着重要作用,在果园管理中是必不可少的。但如果使用得不合理、不科学,就会造成果品农药残留超标和果园环境污染,进而影响人类身体健康。农药已成为果品污染的重要来源之一,是生产无公害果品的重要制约因素。据统计,目前我国农药使用量较大,而且农药利用率跟发达国家比较还有较大差距。

农药对果园的污染不可忽视,要予以高度重视。农药在果园使用后,一部分附着在物体上,另一部分则逸散在大气中或降落在果园土壤上,虽然起到了防治病虫害的作用,但也会造成污染。大气和土壤中的农药会随着水雾、雨水等进入地下水中造成污染,又可污染邻近的水源。而附着在果树上的农药和进入土壤中的农药,被果树吸收后又可进入果实中造成污染,使果品中不同程度地含有残留农药,进而影响果品的食用价值,影响人类身体健康。果品中农药残留量的高低是衡量果品质量好坏的重要指标,如果在临近收获期使用农药,最容易造成果品污染,果品中残留农药含量超标,降低果品品质。农药使用不合理、不科学,如用量过大、次数过多等,还易产生药害,影响果树正常生长。另外,农药也会对生态环境造成严重影响,由于化学农药的不合理使用,导致果园中害虫天敌数量的减少,从而减弱了对害虫的控制作用,导致害虫的猖獗。同时,农药的不合理使用易引起病虫抗药性的增强,增加了病虫害防治难度。

5. 果树生产上防止农药污染的主要措施有哪些?

在果树病虫害防治过程中,应当全面贯彻"预防为主,综合防治"的方针。以改善生态环境、加强栽培管理为基础,合理采用物理防治、农业防治等综合措施,保护和利用天敌,充分发挥天敌对病虫害的自然控制作用,尽量减少农药的施用量。在无公害果品生产过程中,使用农药防治果树病虫害是必要的,但要科学合理地选择和使用农药,最大限度地控制农药的污染和危害。要通过使用新型的高效低毒低残留的农药,包括生物农药的研制,和农药统防统治技术相结合,扩大统防统治、专业化防治措施应用的范围,把农作物病虫害绿色防控覆盖率提高到30%以上。

防止农药污染主要应注意以下几个方面：①坚持遵守农药科学使用的原则，即优先使用生物农药，包括植物源农药、动物源农药和微生物源农药。在矿物源农药中允许使用硫制剂、铜制剂，允许使用对植物、天敌、环境安全的农药。严格禁止使用国家明确规定的剧毒、高毒、高残留或者是有致癌、致畸、致突变作用的农药。②加强对果树病虫害的预测预报，做到对症下药，适时防治。③合理使用无公害果品生产中允许使用的药剂，杜绝使用剧毒农药、禁用农药等。④科学混用不同的农药，以提高药效和节省药量；轮换使用不同的药剂，以防止产生抗药性，并保护害虫天敌。⑤科学掌握药剂的使用浓度、剂量和次数等，不随意加大浓度和增加防治次数，并严格按农药安全间隔期进行施药。⑥改进农药的使用性能，以提高药效。如在农药中加入展着剂、渗透剂、缓释剂等，既节省农药又可提高药效。⑦尽可能使用低量或超低量的喷药机械。

6. 柿安全生产允许使用的农药有哪些？

根据《农药合理使用准则》GB 8321，农业部推荐的无公害果品生产允许使用的农药主要有：

生物杀虫、杀菌剂 苏云金杆菌、甜菜夜蛾核多角体病毒、银纹夜蛾核多角体病毒、小菜蛾颗粒体病毒、茶尺蠖核多角体病毒、棉铃虫核多角体病毒、绿僵菌、白僵菌、浏阳霉素、多抗霉素、井冈霉素、阿维菌素和农抗120等。

植物性杀虫、杀菌剂 除虫菊素、烟碱、苦楝碱、鱼藤酮、苦皮藤素、大蒜素和芝麻素等。

无机农药 石硫合剂及其硫制剂，如硫胶悬剂、硫悬乳剂、硫水分散粒剂；波尔多液及其铜制剂，如氢氧化铜、松脂酸铜等。

合成制剂 菊酯类，如溴氰菊酯、氟氯氰菊酯、氯氟氰菊酯、联苯菊酯、氰戊菊酯、甲氰菊酯、氟丙菊酯等；氨基甲酸酯类，如硫双威、丁硫克百威、抗蚜威、速灭威等；昆虫生长调节剂，如灭幼脲、氟啶脲、氟铃脲、氟虫脲、抑食肼等；专用杀螨剂，如哒螨灵、四螨嗪、唑螨酯、三唑锡等；有机磷类，辛硫磷、毒死蜱、敌百虫、敌敌畏、乙酰甲胺磷、倍硫磷、杀螟硫磷、丙溴磷、二嗪磷、水胺硫磷等；其他类，如杀虫单、杀虫双、杀螟丹等。

选择性杀菌剂 多菌灵、甲基硫菌灵、代森锰锌、扑海因、三唑酮、氟硅唑、百菌清、代森锌、福美双、乙膦铝、噻菌灵、三唑醇、烯唑醇、戊唑醇、己唑醇、腈菌唑、腐霉利、异菌脲、霜霉威、烯酰吗啉、霜脲氰、咪鲜胺、噁霉灵、甲霜灵、氟吗啉、盐酸吗啉胍、抑霉唑等。

7. 柿安全生产禁止使用的农药有哪些?

主要有:甲胺磷、甲基对硫磷、甲基异柳磷、对硫磷、久效磷、磷胺、甲拌磷、特丁硫磷、甲基硫环磷、治螟磷、内吸磷、克百威、涕灭威、灭线磷、硫环磷、蝇毒磷、地虫硫磷、氯唑磷、苯线磷、三氯杀螨醇、灭多威、氧化乐果、水胺硫磷。

8. 国家明令禁止使用的农药有哪些?

柿安全生产,必须按照无公害果品生产操作规程进行,在生产中禁止使用高残留、高度和剧毒的农药,禁止使用有"三致"(致畸、致癌、致突变)作用的农药,禁止使用无"三证"(农药登记证、生产许可证、生产批号)的农药。中华人民共和国农业部2002年第199号公告公布的国家明令禁止使用的化学农药品种有,六六六、滴滴涕、毒杀芬、二溴氯丙烷、杀虫脒、二溴乙烷、除草醚、艾氏剂、狄氏剂、汞制剂、砷类、铅类、敌枯双、氟乙酰胺、甘氟、毒鼠强、氟乙酸钠、毒鼠硅等。

9. 化肥对果园的污染主要表现在哪几个方面?

在果树生产过程中,化肥的使用是必不可少的,施用化肥可促进果树生长,达到增产的目的,而且使用化肥比用其他肥料省工又省时。为了提高果树产量,人们对化肥的用量大幅度增长。但大量的化肥在刺激果树产量增加的同时,有时也会给果品、果园环境等造成污染。果园中使用的任何化肥都不可能全部被果树吸收利用,用量过大或由于其他自然或人为原因,都会使部分化肥流失,进而造成污染。因此,施用化肥时,应避免对环境和果品的污染,并要有足量的养分返回到土壤中,以保证和增加土壤有机质的含量,提高果树产量和生产出安全、优质、营养的果品。

氮肥的污染　氮肥能够促进果树营养生长，增大叶面积，加强光合作用，果园中氮肥用量比较大。氮肥的长期过量使用，可使果园土壤中的硝酸盐含量增加，进而导致果品中的硝酸盐含量增加，从而对人体健康造成危害。当氮肥的用量超过果树需要量时，多余的氮肥在降水和灌溉的条件下，可通过各种渠道进入地下水、湖泊、河流等，从而造成水污染。

磷肥的污染　磷肥的主要功能是促进果树开花结实，还能促进根系发育和提高抗逆能力，但施用过多的磷肥会影响果树对锌、铁元素的吸收而出现缺素症。磷肥亦是土壤中有害重金属的一个重要污染源，如过磷酸钙中含有大量的砷、铅，磷矿石中还含有放射性元素如铀、镭等，磷肥使用过量，多余的磷肥可通过各种渠道进入地下水、湖泊、河流而造成水污染。

钾肥的污染　钾能促进光合作用，促进果树对氮、磷的吸收等，但过量使用钾肥会使果园土壤板结，并降低土壤pH，从而影响果树生长，而且氯化钾中的氯离子对果实的产量和品质均有不良影响。

10. 果园防止化肥污染的主要措施有哪些？

不施用不符合要求的化肥。根据不同果树品种的生长规律和需肥特点，掌握科学的施肥时间、次数和用肥量等，采用正确的施肥技术，如分层施、深施等方法，及时施肥，合理用肥，减少化肥散失，提高肥料利用率。

科学、合理地使用化肥。不盲目加大用肥量和长期过量使用同一种肥料。推广测土配方施肥法，提高化肥利用率，防止或减少化肥的流失。增施有机肥和生物肥料，以减少化肥用量，采取有机肥与无机肥相结合的施肥方法。施有机肥在于养地，施化肥在于用地，两者配合有利于果树高产与稳产，尤其是磷、钾肥与有机肥混合施用可以提高肥效，达到施肥的目的。

11. 如何建立柿安全生产园？

农产品的安全生产，是未来农产品生产的发展趋势。造成柿树生产的污染主要来自土壤、水分和空气，故在建柿园时，必须对土壤、灌溉用水和空气质量进行选择，达到安全生产的要求。

土壤　要符合果品安全的指标。造成土壤污染的主要原因，是土壤中的重金属离子、有害化学物质通过树体根系的吸收进入果实，造成果实中有毒、有害物质超标。

重金属离子污染，主要指镉、砷、汞、铅、铬等对果园土壤、灌溉水和果品造成的污染。镉主要来自金属冶炼和以镉为原料的电镀、电机等工厂，是一种毒性很强的金属，可以在人体内长期积累，损害人的肺、肾、神经和关节等。砷主要来自纸张、皮革、硫酸、化肥、农药等生产的废气和废水，工业和民间燃煤也是砷的一个重要污染途径。含砷物质也常被用来作为杀虫剂、杀菌剂、除草剂的生产原料，长期施用亦可使土壤受到严重污染。砷对植物的危害主要是阻碍水分和养分的吸收，无机砷影响营养生长，有机砷影响生殖生长。砷可以与空气中的氧结合形成三氧化二砷，也可与人体内的蛋白酶结合，导致细胞死亡，还是肺癌、皮肤癌的致病因素。汞主要来自汞冶炼、化工、印染等工厂排出的"三废"以及农业上的有机汞、无机汞农药的使用。过量的汞会使植物的叶、花、茎变为棕色或黑色。汞主要侵害人的神经系统，使手足麻痹，全身瘫痪，严重时可使人痉挛甚至死。铅主要来自用汽油作燃料的机动车尾气、有色金属冶炼、煤的燃烧以及油漆、涂料、蓄电池的生产等。铅主要为植物根部吸收和积累，并抑制植物光合作用和蒸腾作用。铅污染食物，进入人体后会引起神经系统、造血系统和血管方面病变，动脉硬化、消化道溃疡和脚跟底出血等与铅污染有关。过量的铬会抑制生长发育，并可以与植物内细胞原生质的蛋白结合，使细胞死亡。铬对人体的危害主要是刺激皮肤黏膜，引起皮炎、气管炎、鼻炎和变态反应，六价铬可以诱发肺癌和鼻咽癌。

有害化学物质，主要是化学制剂厂排放的废水、废渣中所含有的苯胺、苯丙吡等多环芳烃、卤代芳香烃等有机化物质，以及废酸、废碱等无机化学物质。这些污染物进入土壤，被树根吸收，造成果实污染。随着现代工业和现代化农业的发展，人们对化肥的用量呈大幅度增长趋势，也带来了严重后果。

水分 灌溉水质量指标应符合要求。水污染主要是由工矿、化工和造纸等生产企业的废水排放于河流而造成的，通过农业灌溉而污染果园。主要污染物是金属离子和有害物质。

空气 果园的空气质量要符合国家规定标准。大气污染物的来源包括工业污染、交通污染、农业生产污染和生活污染等，对人类及植物产生危害的污染物不下百种，主要包括二氧化硫、氟化物、氮氧化物、氯气以及粉尘、烟尘等。这些污染物有时直接伤害果树，表现为急性危害，使花、叶、果实褐变脱落，造成严重减产；有时伤害是隐形的，从果树的外部发育上看不出危害，使其生理代谢受到影响。而且这些有害物质在植物体内外长期积累，可引起食果者急性、慢性中毒。

二氧化硫是对农业危害最为广泛的大气污染，它是燃烧含有硫的煤、石油和焦油产生的。在人为排放的二氧化硫中，约2/3来自煤的燃烧，约1/5来自石油燃烧，其余来自各种工业生产过程。二氧化硫由叶片上的气孔侵入叶组织，当叶片吸收的二氧化硫过多时，叶绿素被破坏，组织脱水，叶片脱落，花期不整齐，坐果率低，果实龟裂。另外，二氧化硫遇水变为亚硫酸，如树体上喷波尔多液，则会将其中的铜离子游离出来，造成药害。

氟化物是仅次于二氧化硫的大气污染，主要包括氟化氢、氟化硅、氟化钙等，其中氟化氢是空气污染物中对植物最具毒性的气体。氟化氢无色，具臭味，主要来自使用含氟原料的化工厂、磷肥厂等排放出的废气。氟化氢主要通过叶片气孔进入植物体，抑制植物体内的葡萄糖酶、磷酸果糖酶的活性，还可以导致植物钙营养失调。氟化物对柿的影响主要表现在破坏营养生长，初期危害正在生长中的幼叶，严重抑制秋梢生长，并造成早期落叶。氟化物在植物体内能与金属离子如钙、镁等结合，造成缺素症。氟化物对花粉粒发芽和花粉管的伸长有抑制作用，使花朵受精率降低，不易坐果，果实不能正常膨大等。

氮氧化物主要包括一氧化氮、二氧化氮、硝酸等，其中对植物毒害较大的是二氧化氮。二氧化氮是一种棕红色的有刺激性气味的气体，主要来自汽车、锅炉等排放的气体，植物受害类似二氧化硫危害症状。

氯气主要来自食盐电解工业以及生产农药、漂白粉、消毒液、塑料等工厂排放的废气，是一种黄绿色的有毒气体，但它的危害只限于局部地区。氯气可以破坏植物细胞结构，使植物矮小，叶片失绿，严重时焦枯，根系不发达，脱水萎蔫而死亡。

粉尘是空气中飘浮的微细颗粒，其主要成分为煤烟粉尘，工矿企业密集烟筒是煤烟粉尘的主要来源。烟尘中的颗粒粒径大于10μm易降落，这些烟尘降落到柿的叶片上，影响树体光合作用、蒸腾作用和呼吸代谢等生理作用。花期污染，可影响授粉坐果；结果期污染，会污染果面，造成果实表皮粗糙、木质化。

飘尘是指大气中粒径小于10 μm的颗粒物，能在空气中长期悬浮，可随气流传播飘移至远处。有的工厂可向大气排放极小的金属微粒，如铅、镉、汞、镍、锰等飘尘。飘尘对柿的影响主要是降低大气的透明度和透光率，影响光合作用。飘尘在空气中相互碰撞而吸附成为较大粒子降落后可造成对土壤、灌溉水、树体的严重污染，不仅直接影响果品的外观，而且由于重金属被叶片吸收，还会危害人体健康。

12. 柿病虫害综合防治有哪几种方法？

我国柿主产区地域分布广泛，生境复杂，极适宜于各种病虫害的发生。加之栽培管理较粗放，病虫害发生较普遍。另外，柿树由零星分散种植模式改为成园的大面积栽培后，生态环境的改变导致某些病虫大发生甚至流行成灾。据有关专家的不完全统计，危害柿树的病害有34种，其中病毒病3种、传染病20种、生理病10种、线虫病1种；害虫涉及8目27科173种。

对柿病虫害，要采取综合防治的策略和方法。要根据当地主要病虫害种类、天敌种类的发生规律，确定防治和兼治对象，列出防治指标，抓住防治的关键时期，结合物候期制订综合防治方案。柿树病虫害防治主要包括：农业防治、人工防治、物理防治、生物防治、化学防治。

13. 如何进行农业防治？

农业防治指采取农业措施来阻止或减轻病虫害发生。增施有机肥，越冬前结合秋施基肥彻底清理果园内枯枝、落叶和杂草。冬季或早春刮树皮，并将树皮等杂物集中烧毁。地势低湿度大的柿园或多雨产区，做好排水工作，降低园内湿度，减轻病菌萌发机会。叶面喷施沼肥既可以给树体补充营养，又可以对病虫害起到一定的防治作用。

14. 如何进行人工防治?

在生长期随时剪除病枝、病叶,带出柿园晒干烧毁。早春对数量不多的雌蚧随手捏死,敲碎刺蛾茧;开花前摘除柿长绵蚧在叶背的卵囊;对具有假死性的象甲和金龟子等均可人工捕杀。早春在柿树根颈周围堆土及树干基部围塑料薄膜,可阻止雌虫上树产卵。

15. 如何进行物理防治?

物理防治指利用物理因素如光、热、电、温、湿、放射能等防治病虫(图36、图37)。利用灯光诱杀趋光性强的害虫,如尺蠖、木蠹蛾、天蛾、金龟子等。晚秋在树干上绑草,引诱隐蔽在树皮裂缝下越冬的害虫群集于草带内越冬,而后集中烧毁。

图36 智能型杀虫灯　　　　图37 太阳能杀虫灯

16. 如何进行生物防治?

生物防治目前以生物治虫较为常见,有以虫治虫、以鸟治虫和以菌治虫三类。如利用肿腿蜂防治天牛,利用草蛉、瓢虫、畸螯螨、蜘蛛、蟾蜍及许多食虫益鸟等,以及利用寄生蜂、寄生蝇,利用苏云金杆菌、白僵菌等。柿园养鸡既可以减少柿园杂草又可减轻病害发生,还有一定防虫效果。

充分利用天敌,保护天敌,主要措施有:①冬季不刮树干基部老树皮,或秋季在树干基部绑缚草秸,诱集天敌越冬。②合理使用农药,选择对主要害虫杀伤力大，而对天敌毒性较小的农药种类，在天敌数量较少或天敌抗药力较强的虫态阶段如蛹期喷药；或在果园内分区施药，可降低对天敌的危害。③引进天敌，弥补当地天敌的不足。④人工繁殖天敌，适时释放。

17. 如何进行化学防治？

在使用化学农药时，一定要先做好病虫测报工作。把握好喷药时期、药剂种类及浓度，喷药时要周到均匀，树冠上下里外必须都喷到。雨水多的年份，应在采收前喷施1次倍量式波尔多液保护叶片。采果后，再喷施0.3%～0.5%的尿素1～2次，以延长叶片寿命，推迟落叶期，增加叶绿素，促进光合作用，提高储藏营养水平。

18. 如何进行病虫测报？

病虫测报即通过病虫害流行的规律和即将出现的有关条件来推测某种病虫害在今后一定时间内流行的可能性。首先要重视测报工作的紧迫性。采用先进的病虫测报工具，做到测报工具标准化，调查统计规范化，预测方法科学化，预报内容数量化，预报发布制度化，预报员素质专业化等，以提高预测的准确率。

19. 如何科学合理使用农药？

加强病虫害的预测预报，做到有针对性的适时用药，未达到防治指标或益害虫比合理的情况下不用药。

允许使用的农药，每种每年最多使用2次。最后一次施药距采收期间隔应在20天以上。

限制使用的农药，每种每年最多使用1次。施药距采收期间隔应在30天以上。

严禁使用禁止使用的农药和未核准登记的农药。

根据天敌发生特点，合理选择农药种类、施用时间和施用方法，保护天敌。

注意不同作用机制的农药交替使用和合理混用，以延缓病菌和害虫产生抗药性，提高防治效果。

坚持农药的正确使用，严格按使用浓度施用，施药力求均匀周到。

柿树对铜离子敏感，含游离铜离子很高的农药品种，如氢氧化铜等不能用于柿树，波尔多液也要配制成石灰多量式，否则易产生药害。

20. 植物生长调节剂类物质如何使用？

使用原则　在柿生产中应用的植物生长调节剂主要有赤霉素类、细胞分裂素类及延缓生长和促进成花类物质等。允许有限度使用对改善树冠结构和提高果实品质及产量有显著作用的植物生长调节剂，禁止使用对环境造成污染和对人体健康有危害的植物生长调节剂。

允许使用的植物生长调节剂及技术要求　主要种类有苄基腺嘌呤、6-苄基腺嘌呤、赤霉素类、乙烯利、矮壮素等。要严格按照规定的浓度、时期使用，每年最多使用1次，安全间隔期在20天以上。禁止使用比久、萘乙酸、2，4-滴（2，4-二氯苯氧乙酸）等。

21. 如何识别及防治柿角斑病？

症状（彩图21）　叶片受害初期正面出现不规则形黄绿色病斑，边缘较模糊，斑内叶脉变为黑色。以后病斑逐渐加深成浅黑色，10多天后病斑中部呈浅褐色。病斑扩展由于受叶脉限制，最后呈多角形，其上密生黑色绒状小粒点，有明显的黑色边缘。柿蒂发病时，呈淡褐色，形状不定，由蒂的尖端逐渐向内扩展。蒂两面均可产生绒状黑色小粒点，落叶后柿子变软。相继脱落，而病蒂大多残留在枝上。

防治方法　增施有机肥料，改良土壤，促使树势生长健壮，以提高抗病力，注意开沟排水，以降低果园湿度，减少发病。

对于结果树来说，挂在树上的病蒂是主要的侵染来源和传播中心。从落叶后到第二年发芽前，彻底摘除树上残存的柿蒂，剪去枯枝烧毁，以清除病源。在北方柿区，只要彻底摘除柿蒂，即可避免此病成灾。而且还要避免与君迁子混栽。

可在柿芽刚萌发、苞叶未展开前喷等量式波尔多液、30%碱式硫酸铜胶悬剂400倍液；苞叶展开时喷施80%代森锰锌可湿性粉剂350倍液。

喷药保护要抓住关键时间，一般为6月下旬至7月下旬，即落花后20～30

天。可用75％百菌清可湿性粉剂800倍液，25％多菌灵可湿性粉剂600倍液，70％代森锰锌可湿性粉剂800倍液，50％异菌脲可湿性粉剂1 000倍液，50％敌菌灵可湿性粉剂500倍液等药剂喷施，隔8～10天再喷1次。

22. 如何识别及防治圆斑病？

症状　圆斑病俗称柿子烘，主要危害叶片、柿蒂。叶片染病，初生圆形小斑点，叶面浅褐色，边缘不明显，后病斑转为深褐色，中部稍浅，外围边缘黑色（彩图22），病叶在变红的过程中，病斑周围现出黄绿色晕环，后期病斑上长出黑色小粒点，严重者仅7～8天病叶即变红脱落，留下柿果。后柿果亦逐渐转红、变软，大量脱落。柿蒂染病，病斑圆形褐色，病斑小。危害叶脉时，使叶呈畸形。一般情况下角斑病平原发生较多，而圆斑病多发生在山地柿树上。

防治方法　秋末冬初及时清除柿园的大量落叶，集中深埋或烧毁，以减少初侵染源。春季柿树发芽前要全树喷布1次5波美度石硫合剂，以铲除越冬病菌。增施基肥，干旱柿园及时灌水。改良土壤，合理修剪，雨后及时排水，促进树势健壮，增强抗病能力。避免与君迁子混栽。6月上旬（柿落花后20～30天）喷施1:5:500波尔多液，80％代森锰锌可湿性粉剂800倍液，75％百菌清可湿性粉剂800倍液，65％代森锌可湿性粉剂500倍液。如降雨频繁，半月后再喷1次。

23. 如何识别及防治炭疽病？

症状　主要危害果实、新梢、叶片。果实发病初期，在果面上先出现针头大、深褐色或黑色小斑点，后病斑扩大呈近圆形凹陷病斑（彩图23）。病斑中部密生轮纹状排列的灰色至黑色小粒点（分生孢子盘）。空气潮湿时病部涌出粉红色黏稠物（分生孢子团）。新梢受害时，初期产生黑色小圆点，扩大后呈长椭圆形的黑褐色斑块。若新梢抗病力强，则在新梢上形成深及木质部的腐朽斑块，以后病斑干枯变硬，中部凹陷，木质部纵裂，病梢极易在病斑处折断。若新梢抵抗力差或环境条件适宜病菌生长，则病斑环绕新梢一整圈后向上下蔓延，新梢变褐色枯死，以后再向多年生枝蔓延。病树轻则枯枝累累，重则整株枯死。果实受害时开始在果面上出现针头大、深褐色或黑色小斑点，逐渐扩大成为圆形黑色病斑。病斑直径达5毫米以上时凹陷，中部密生轮纹状排列的粉色小粒点。病斑深入皮层以下，果肉形成黑色硬块状。每个病果上一般有1～2个病斑，多则达10余个。病果提早脱落。

防治方法 改善园内通风透光条件，降低田间湿度。多施有机肥，增施磷、钾肥，不偏施氮肥。冬季结合修剪，彻底清园，剪除病枝，摘除病僵果；生长季及时剪除病梢、摘除病果，减少再侵染菌源。引种接穗及苗木时要严格检查，剪除病枝，并用1:4:800波尔多液消毒。在发芽前，喷1次0.5～1波美度石硫合剂，以减少初次侵染源。6月喷施1:5:600波尔多液或65％代森锌可湿性粉剂500倍液1～2次。6月中旬至7月中旬，病害发生初期，喷70％甲基硫菌灵可湿性粉剂800～1 000倍液+80％代森锰锌可湿性粉剂600～800倍液，50％多菌灵可湿性粉剂500～800倍液+80％炭疽福美可湿性粉剂500～800倍液，60％噻菌灵可湿性粉剂1 500～2 000倍液+65％代森锌可湿性粉剂600～800倍液等，药剂隔10～15天再喷1次。

24. 如何识别及防治白粉病？

症状（彩图24） 主要危害叶片，偶尔也危害新梢和果实。发病初期5～6月在叶面上出现密集的针尖大的小黑点形成的病斑，病斑直径1～2 cm，后可扩大至全叶。与一般果树的白粉病特征不同，较难识别。秋后，在叶背出现白色粉状的菌丝及分生孢子，即典型的白色粉状斑。后期在白粉层中出现黄色小颗粒，即为子囊壳，并逐渐变为黑色。

防治方法 及时清除病叶落叶集中烧毁。春季喷洒0.3波美度石硫合剂，柿树生长期也可自行配制1:（3～5）:（400～600）波尔多液。发病严重的，喷洒30％戊唑醇悬浮剂1 500倍液、30％三唑酮可湿性粉剂600～800倍液。

25. 如何识别及防治柿黑星病？

症状 主要危害叶、果和枝梢。叶片染病，初时在叶脉上生黑色小点，后沿脉蔓延，扩大为多角形或不定形。病斑漆黑色，周围色暗，中部灰色，湿度大时背面出现黑色霉层（彩图25）。枝梢染病，初生淡褐色斑，后扩大成纺锤形或椭圆形，略凹陷，严重的自此开裂呈溃疡状或折断。果实染病，病斑圆形或不规则形，稍硬化呈疮痂状，也可在病斑处裂开，病果易脱落。

防治方法　清洁柿园，秋末冬初及时清除柿园的大量落叶，集中深埋或烧毁，以减少初侵染源。增施基肥，干旱柿园及时灌水。在萌芽前喷布5波美度石硫合剂、1:5:400波尔多液1～2次。生长季节一般掌握在6月上中旬，柿树落花后，可喷洒1:5:500波尔多液，70％代森锰锌可湿性粉剂500倍液，36％甲基硫菌灵悬浮剂400倍液，65％代森锌可湿性粉剂500倍液，或50％多菌灵可湿性粉剂600～800倍液。在重病区第一次药后半个月再喷1次，则效果更好。

26. 如何识别及防治柿叶枯病？

症状（彩图26）　主要危害叶片，叶片上的病斑初期为近圆形或多角形浓褐色斑点，后逐渐发展成为灰褐色或灰白色、边缘深褐色的较大病斑，直径1～2cm，并有轮纹。后期叶片正面病斑上生出黑色小粒点，即为分生孢子盘。果实上病斑暗褐色，呈星状开裂，后期也生出分生孢子盘。

防治方法　彻底摘除树上残存的柿蒂，剪去枯枝烧毁，以清除病源。喷药要抓住关键时间，一般为4月下旬，可用50％多菌灵可湿性粉剂600倍液，80％代森锰锌可湿性粉剂800倍液，75％百菌清可湿性粉剂800倍液，70％甲基硫菌灵可湿性粉剂1 500倍液等药剂喷施，间隔8～10天再喷1次，连喷2～3次。

27. 如何识别及防治柿干枯病？

症状（彩图27）　主要危害定植不久的幼树，多在地面以上10～30cm处发生。春季在1年生病梢上形成椭圆形病斑，多沿边缘纵向裂开而下陷，与树分离，当病部老化时，边缘向上卷起，致病皮脱落，病斑环绕新梢一周时，出现枝枯，则可致幼树死亡，病斑上产生黑色小粒点，即病菌分生孢子器。湿度大时，从孢子器中涌出黄褐色丝状孢子角。病斑从基部开始变深褐色，向上方蔓延，病斑红褐色。

防治方法　及时清除修剪下的树枝，以防病菌生存。冬季涂白，防止冻害及日灼。剪除带病枝条加强栽培管理，保持树势旺盛。在分生孢子释放期，每半个月喷洒1次40％多菌灵悬浮剂或36％甲基硫菌灵悬浮剂500倍液，50％甲基硫菌灵·硫黄悬浮剂800倍液。

28. 如何识别及防治柿灰霉病?

症状（彩图28）　主要危害叶片,也可危害果实、花器。幼叶的叶尖及叶缘失水呈淡绿色,接着呈褐色。病斑的周缘呈波纹状。潮湿天气下,病斑上产生灰色霉层。幼果的萼片及花瓣上也生有同样的霉层。果实受害,落花后,果实的表面产生小黑点。

防治方法　注意果园排水,避免密植。防止枝梢徒长,对过旺的枝蔓进行夏剪,增加通风透光,降低园内湿度。采果时应避免果实受伤,避开阴雨天和露水未干时采果。去除病果,防止二次侵染。入库后,适当延长预冷时间。努力降低果实湿度,再进行包装储藏。

花前可喷施下列药剂:50%腐霉利可湿性粉剂1 000～1 500倍液+80%代森锰锌可湿性粉剂800～1 000倍液, 50%异菌脲可湿性粉剂1 000～1 500倍液,50%嘧菌环胺水分散粒剂600～1 000倍液,隔7天喷1次,连续2～3次。

29. 如何识别及防治柿煤污病?

症状（彩图29）　主要侵害柿树的叶片和果实。在叶片正面和果实上,布满一层黑色的煤粉状物,影响光合作用。煤粉状物有时可以剥落或被暴雨冲刷掉。

防治方法　冬季清除果园内落叶、病果、剪除树上的徒长枝,集中烧毁,减少病虫越冬基数;疏除徒长枝、背上枝、过密枝,使树冠通风透光,同时注意除草和排水。发病初期可选用70%甲基硫菌灵可湿性粉剂1 000倍液+80%代森锰锌可湿性粉剂800倍液,50%苯菌灵可湿性粉剂1 500倍液等。在降雨多、雾露日多的平原、滨海果园以及通风不良的山沟果园,间隔10～15天,喷药2～3次。

30. 如何识别及防治柿疯病?

症状（彩图30）　病树、病枝萌芽迟,展叶抽梢缓慢,新梢后期生长快但停止生长早,落叶也早。重症树新梢长至4～5 cm时萎蔫死亡,病树枝条向上直立徒长,冬春两季枝条大量死亡干枯。枝条死后从基部隐芽不定芽萌生新梢,徒长生长,产生鸡爪枝,纵剖木质部有黑褐色纵短条纹,横剖面可见断续环状黑色病斑。叶脉变黑,病叶凹凸不平,叶大质脆且薄。柿果变成橘黄色,凹陷处仍为绿色；柿果变红后，凹陷处最后由绿变红，但果肉变硬或黑变。病果多提早20天变红，变软脱落，柿蒂留在枝上。叶蝉传播，冻害、树势弱的柿树发病重。

防治方法 治虫防病，及早杀灭传毒的柿斑叶蝉、斑衣蜡蝉等害虫。休眠期实行病、健树分别修剪，清除病株，以减少病源。开花初期和谢花期喷洒硼酸1 000～1 500倍液或氨基酸硼600～800倍液，可提高坐果率。幼果期喷洒磷酸二氢钾600～800倍液或氨基酸钾600～800倍液，8月上旬再喷1次。严禁从病区调入病苗和接穗，繁育苗木一定要从无病区健康树上采集接穗。

31. 如何识别及防治柿细菌性根癌病？

症状 主要在根系上形成坚硬的木质瘤，直径1～4 cm，一到十几个不等。苗木受害生长缓慢，植株矮小，叶片易卷起。成树受害后，树势衰弱，果实小，易受冻害。

防治方法 选无病地块做苗圃，避免用老苗圃、老果园作为育苗地。苗木出圃时，检查根部，有病瘤的应淘汰。其他苗木要进行消毒，将嫁接口以下的根部浸入1%硫酸铜溶液中5 min，然后再放2%石灰水中浸1 min。采用芽接法，并用75%乙醇消毒嫁接工具，以减少染病机会。种植绿肥和增施有机肥料，改良土壤，碱性土壤应适当增施酸性肥或有机肥，以改变土壤pH，使之不利于病菌生长。耕作时避免伤根，及时防治地下害虫以免造成伤口，使病菌侵入。

柿树发芽期用5%菌毒清水剂200倍液灌根，6月底至7月初再灌1次，每株树灌50～80 kg药液。对定植后树上长出的病瘤，切除后涂100倍硫酸铜溶液或80%乙蒜素乳油50倍液消毒，并用400单位链霉素涂切口，再抹凡士林保护。

32. 如何识别及防治柿黑斑病？

症状（彩图31） 主要危害叶片、枝梢和果实，叶片受害重。叶片染病，产生圆形至不规则形病斑，直径0.2～3 mm，暗褐色，具黑色边缘，中部褐色至灰褐色，大多散生在叶背，沿叶脉或叶脉两侧扩展，有时先侵染叶缘，叶正面对应处变黑色枯焦。5～6月气温低，降雨多有利该病发生或流行。

防治方法 秋末冬初及时清除病叶、病蒂，尤其是清除病蒂对控制黑星病及圆斑病有重要作用。发芽前清除病枝，喷洒3～5波美度石硫合剂。生长季节发病前喷洒25%醚菌酯水剂2 500倍液、10%苯醚甲环唑水剂2 000倍液、5%噻霉酮水乳剂1 000倍液。

33. 如何识别及防治柿顶腐病？

症状 柿顶腐病是近年来发现的一种柿新病害，俗称柿黑屁股病，属于生理性病害。发病时柿果顶部产生黑色病斑，病斑分散或连成片，不同品种上症状表现不同（表5）。在涩柿恭城水柿和甜柿阳丰、次郎上都有发生，一般在果实膨大期发生，发病后果实软化速度加快，甚至腐烂，造成落果或果实商品性丧失。柿顶腐病危害症状见彩图32，病级划分见彩图33。

柿顶腐病一般发生在果实的第二次膨大期（转色期），调查发现，不同柿品种病害症状表现不一。

防治方法 目前还没有较理想的方法彻底防治柿顶腐病，主要措施有：保持柿园水肥充足，尤其是多施有机肥，效果较好。通过田间管理，培壮树势，可以减轻该病的发生。花后每隔15～20天喷1次钙肥，喷到肥液在叶和花上能汇聚且不滴下的程度，共喷施3～5次，可以减轻该病的发生。结合树体及花果管理，也可以不同程度地减轻病情。

表5 柿顶腐病症状

品种	病害起始部位	病斑凹陷程度	病斑形状	病斑颜色	病斑大小	病害发生进程
恭城水柿	顶部果皮	不凹陷	连片分布	初期果顶果皮着色不均匀，后为黑色	大小不一，初现时为小黑点，大可布满整个果顶	病斑一般由小变大，覆盖果顶，个体差别大，个别小块病斑就会落果，后期果肉栓化呈灰黑色，果肉上面有黑色纤维状物质，果实呈异常鲜红色

品种	病害起始部位	病斑凹陷程度	病斑形状	病斑颜色	病斑大小	病害发生进程
阳丰	顶部果皮及少许皮下果肉	凹陷深度为1～2 mm	点状环状	初期果皮出现灰色病斑	环带内圆半径为5～15 mm，环带宽为5～10 mm，单个病斑为圆形或近圆形，直径为1～3 mm	初发时果皮出现灰色斑点，逐渐斑点变大、连成片、凹陷，个别斑点不变大直至软化落果，果肉呈灰黑色，中间有空洞，相比恭城水柿和次郎，阳丰病害部位较干燥，果顶颜色明显比下部偏红
次郎	中上部果肉（纵切观察，发病点分布在靠近果顶的1/3范围内）	不凹陷	点状片状	初期果肉出现灰色斑点，后期果实顶部果皮出现黑色病斑	不规则的成片病斑，直径1～6 cm，斑点直径为0.4～0.9 cm	开始果肉内出现灰色斑点，而果实外观没有任何异常变化，后病斑变大，蔓延至果顶果皮，逐渐使果皮变黑软腐，果肉变成灰黑色，有时出现黑色硬核

34. 如何识别及防治柿其他病害？

柿红叶枯病 主要危害叶片，有时会引起早期落叶。病斑红褐色，稍凹入，不规则形，互相联合，病斑易穿孔。病斑周围有黑圈，中部产生黑色小粒点（分生孢子盘）。

柿日灼病 果面受太阳直射光烧灼后，受害处初呈淡褐色，严重时呈黑色，中央出现龟裂。

柿黄化病 在碱性严重的地方栽培柿树，嫩叶失绿黄化，严重时呈白化状。

防治方法 对于柿红叶枯病等霉菌性病害，可结合防治柿圆斑病等喷杀菌剂防治。日灼病一般发生在6～7月高温季节，注意果实遮阴。防治黄化病可在施基肥时加施铁肥。

35. 如何识别及防治柿蒂虫?

危害特点　主要以幼虫危害果实(彩图34),多从柿蒂处蛀入,蛀孔处有虫粪并用丝缠绕。幼果被蛀早期干枯,大果被蛀比正常果早变黄20多天,俗称黄脸柿或红脸柿。被害果早期变黄,变软脱落,致使小果干枯,大果不能食用,造成减产。

形态特征　雌蛾头部黄褐色,略有金属光泽,复眼红褐色,触角丝状。全体呈紫褐色,但胸部中央为黄褐色。前后翅均狭长,端部缘毛较长,前翅前缘近顶端处有1条由前缘斜向外缘的黄色带状纹。足和腹部末端呈黄褐色。后足长,静止时向后上方伸举。卵乳白色,近椭圆形,卵壳表面有细微小纵纹,上部有白色短毛。老熟幼虫头部黄褐色,前胸背板及臀板暗褐色,胴部各节背面呈淡暗紫色,中、后胸背面有"X"形皱纹,并在中部有1横列毛瘤,毛瘤上有白色细长毛,胸足淡黄色。蛹全体褐色,化蛹于污白色的茧内,茧椭圆形,污白色。

防治方法　冬季或早春刮除树干上的粗皮和翘皮,清扫地面的残枝、落叶、柿蒂等,与皮一起集中烧毁,以消灭越冬幼虫。在幼虫危害期及时把被害果的果柄、果蒂全部摘除。幼虫脱果越冬前,在树干及主枝上束草诱集越冬幼虫,冬季在刮皮时将草解下烧毁。

越冬代成虫羽化初期,清除树冠下杂草后,在地面撒施4%敌马粉剂0.4～0.7 kg,10天后再施药1次,毒杀越冬幼虫、蛹及刚羽化的成虫。

5月下旬至6月上旬、7月下旬至8月中旬,正值幼虫发生高峰期,应各喷2遍药,每次间隔10～15天。如虫量大,应增加防治次数。可用20%氟氯氰菊酯乳油1 500～2 500倍液、20%甲氰菊酯乳油或20%氰戊菊酯乳油2 500～3 000倍液、2.5%溴氰菊酯乳油3 000～5 000倍液、50%杀螟松乳油1 000倍液等喷施。着重喷果实、果梗、柿蒂,毒杀成虫、卵及初孵化的幼虫,均可收到良好的防治效果。

36. 如何识别及防治柿长绵粉蚧?

危害特点　柿长绵粉蚧以雌成虫、若虫吸食叶片、枝梢的汁液,排泄蜜露诱发煤污病(彩图35)。

形态特征 雌体椭圆形扁平（彩图36），黄绿色至浓褐色，触角9节丝状，3对足，体表布白蜡粉，体缘具圆锥形蜡突10多对。成熟时后端分泌出白色绵状长卵囊，形状似袋。雄成虫体淡黄色似小蚊。触角近念珠状，上生茸毛。前翅白色透明，较发达，具数条翅脉，分成2叉，后翅特化成平衡棒。卵淡黄色，近圆形。若虫椭圆形，与雌成虫相近，足、触角发达。雄蛹淡黄色。

防治方法 越冬期结合防治其他害虫刮树皮，用硬刷刷除越冬若虫。

落叶后或发芽前喷洒3～5波美度石硫合剂、45％晶体石硫合剂20～30倍液，5％柴油乳剂，杀死越冬若虫。

若虫出蛰活动后和卵孵化盛期喷20％菊乐合酯乳剂2 000倍液。特别是对初孵转移的若虫效果很好。如能混用含油量1％的柴油乳剂有明显增效作用。

37. 如何识别及防治柿星尺蠖？

危害特点 初孵幼虫啃食背面叶肉，并不把叶吃透形成孔洞，幼虫长大后分散危害将叶片吃光，或吃成大缺口。影响树势，造成严重减产。

形态特征（彩图37） 成虫体长约25 mm，复眼黑色，触角黑褐色，雌蛾丝状，雄蛾短羽状。头部及前胸背板黄色，背板有4个黑斑。前后翅均为白色，翅面分布许多不规则、大小不等的黑斑，以外缘黑斑较密，前翅顶角几乎成黑色。腹部金黄色，腹背每节两侧各有一个灰褐色斑纹，腹面各节均有不规则黑色横纹。卵椭圆形，初产时翠绿色，近孵化时变为黑褐色。初孵幼虫黑色。老熟幼虫头部黄褐色，有许多白色颗粒状突起，单眼黑色，背线成暗褐色宽带，两侧为黄色宽带，背面有椭圆形黑色眼状花纹一对，为明显特征。眼纹外侧还有一月牙形黑纹，故又称大头虫。蛹暗赤褐色。

防治方法 秋末或初春结合翻树盘挖蛹。幼虫发生期振落捕杀，低龄幼虫期喷药防治，特别是第一代幼虫孵化期，喷施50％杀螟松乳油1 000倍液，50％辛硫磷乳油1 200倍液，50％马拉硫磷乳油800倍液，30％氧乐氰乳油2 000～3 000倍液，5％氯氰菊酯乳油3000倍液，喷药周到细致，防治效果可达95％～100％。

38. 如何识别及防治柿血斑叶蝉？

危害特点　柿血斑叶蝉分布于黄河及长江流域的柿产区。以成虫或若虫群集叶背面叶脉附近，刺吸汁液，使叶面出现失绿斑点（彩图38），严重危害时整个叶片呈苍白色，微上卷。

形态特征　成虫全体浅黄白色，头部向前呈钝圆锥形突出，具淡黄绿色纵条斑2个，复眼浅褐色。前胸背板前缘有2个浅橘黄色斑，后缘具同色横纹，致前胸背板中央现一浅色"山"字形斑纹。小盾片基部有橘黄色"V"形斑，横刻痕明显。卵白色，长，形略弯。若虫体与成虫相似，体略扁平，黄色，体毛白色明显，前翅芽深黄色（彩图39）。初孵若虫淡黄白色，复眼红褐色。

防治方法　成虫出蛰前及时刮除翘皮，清除落叶及杂草，减少越冬虫源。在越冬代成虫迁入果园后，各代若虫孵化盛期，及时喷洒20％异丙威乳油800倍液、2.5％溴氰菊酯乳油1 500倍液等，均能收到较好效果。

39. 如何识别及防治柿广翅蜡蝉？

危害特点　柿广翅蜡蝉以成、若虫刺吸枝条、叶的汁液，产卵于当年生枝条内，致产卵部以上枝条枯死。

形态特征　成虫体淡褐色略显紫红，被覆稀薄淡紫红色蜡粉。前翅宽大，底色暗褐至黑褐色，被稀薄淡紫红色蜡粉而呈暗红褐色；前缘外1/3处有一纵向狭长半透明斑，斑内缘呈弧形。后翅淡黑褐色，半透明，前缘基部略呈黄褐色，后缘色淡。卵长椭圆形，微弯，初产乳白色，渐变淡黄色。若虫体近卵圆形，翅芽处宽。初龄若虫（彩图40），体被白色蜡粉，腹末有4束蜡丝呈扇状，尾端多向上前弯而蜡丝覆于体背。

防治方法　冬春结合修剪剪除有卵块的枝条，集中深埋或烧毁，以减少虫源。在低龄若虫发生期喷药防治，可喷施以下药剂：20％氰戊菊酯乳油1 000～2 000倍液，50％辛硫磷乳油1 500～2 000倍液，10％吡虫啉可湿性粉剂2 000～3 000倍液等。因该虫被有蜡粉，在上述药剂中加0.3％～0.5％柴油乳剂，可提高防效。

40. 如何识别及防治柿绵蚧?

危害特点 若虫和成虫群集危害,嫩枝被害后,出现黑斑,轻者生长细弱,重者干枯,难以发芽。叶脉受害后亦有黑斑,严重时叶畸形,早落。危害果实时,在果肩或果实与蒂相接处,被害处出现凹陷,由绿变黄,最后变黑(彩图41)。

形态特征 雌成虫体节明显,紫红色。触角3节,体背面有刺毛。腹部边缘有白色弯曲的细毛状蜡质分泌物,虫体背面覆盖白色毛毡状介壳。正面隆起,前端椭圆形。尾部卵囊由白色絮状物构成,表面有稀疏的白色蜡毛。雄成虫体细长,紫红色。翅一对,透明。介壳长椭圆形。卵圆形,紫红色,表面附有白色蜡粉,藏于卵囊中。若虫卵圆形或椭圆形,体侧有若干对长短不一的刺状物。初孵化时血红色(彩图42)。随着身体增长,经过1次蜕皮后变为鲜红色,而后转为紫红色。雄蛹壳椭圆形,扁平,由白色绵状物构成。

防治方法 认真彻底清园。秋冬季节结合冬灌,进行一次全面仔细的清园。剪除虫枝,集中烧毁,树干刷白。早春喷布4～5波美度石硫合剂或5%柴油乳剂,或45%晶体石硫合剂20～30倍液,或煤油洗衣粉混合液,主干及枝条要全面喷布至有水流下,彻底消灭越冬害虫。在各代虫卵孵化的盛末期进行喷药,可使用的药剂有:50%杀螟硫磷乳油800～1 200倍液,40%水胺硫磷乳油1 500～2 000倍液,2.5%溴氰菊酯乳油3 000～3 500倍液等。

41. 如何识别及防治柿梢鹰夜蛾?

危害特点 柿梢鹰夜蛾主要以幼虫危害苗木,蚕食刚萌发的嫩芽和嫩梢,并将梢顶嫩叶用丝纵卷缀合危害,使苗不能正常生长。

形态特征 成虫头、胸部灰色有黑点和褐斑,触角褐色,下唇须灰黄色,向前下斜伸,状似鹰嘴。前翅灰褐色,有褐点,前半部在内外线以内棕褐色,内外线及后半部明显,亚端线黑色,中部外突,后翅黄色,中室有一黑斑,外缘有一黑带,后缘有二黑纹。腹部黄色,各节背部有黑纹(彩图43)。卵馒头形,有明显的放射状条纹,横纹不显。顶部有淡褐色花纹两圈。老熟幼虫体色变化很大,有绿、黄、黑3种色型。多数为绿色型,头和胴部绿色;黄色型,头部黑色,胴部黄色,两侧有两条黑线;黑色型,头部橙黄色,全体黑色,气门线由断续的黄白色斑组成（彩图44）。蛹棕红色，外被有土茧。

防治方法　发生数量不多时，可人工捕杀幼虫。发现大量幼虫危害时，喷施2.5%溴氰菊酯乳油2 000～3 000倍液，30%氟氰戊菊酯乳油1 000～3 000倍液，10%溴氟菊酯乳油800～1 000倍液，20%杀铃脲悬浮剂500～1 000倍液等。

42. 如何识别及防治柿龟蜡蚧？

危害特点　除危害柿外，还危害枣、梨等果树。成虫、若虫群集树上吸食树汁液，造成树势衰弱，枝条枯死，产量降低。1996年、1997年山西南部柿产区龟蜡蚧泛滥，造成了许多柿园绝产。

形态特征　雌成虫体椭圆形，紫红色，背覆白色蜡质介壳，背部中央隆起，表面有龟状凹纹，形似龟甲状（彩图45）。长约2 mm，宽1.5 mm，产卵阶段呈半球形，长2.5～3 mm。雄虫体长1～1.3 mm，体紫红色，眼黑色，翅薄，半透明。卵椭圆形，长约0.3 mm，初呈橙黄色，后变紫红色，卵两侧及尖端附蜡粉。初孵若虫椭圆形，体扁平，紫褐色，长约0.5 mm，若虫在叶上固定后，背面出现白色蜡点，3天后连成粗条状，7～10天虫体全部被蜡，周边具15个蜡角呈星芒状（彩图46）。仅雄虫在介壳下化蛹，梭形，褐色，长约1.2 mm。

防治方法

●生物防治。龟蜡蚧的天敌较多，如红点唇瓢虫和跳小蜂等。在天敌活动期，尽量少用或不用广谱性农药，以免杀伤天敌。

●药剂防治。在若虫孵化期，每年的6月中旬至7月上旬，喷杀扑磷1 000倍液或蚧速杀1 200倍液效果好。也可在冬季喷5%～10%柴油乳剂效果好。

●人工防治。冬剪时及时剪除带虫枝梢烧毁。利用冬季雨雪天气或寒冷天气树体喷水，促使结冰后人工敲打枝条使冰凌同虫体一起落下。

43. 如何识别及防治柿舞毒蛾？

危害特点　柿舞毒蛾又名柿毛虫，食性很杂，可危害多种果树，以幼虫食害叶片，严重时可将叶片吃光。

形态特征　雌蛾体长25～30 mm，翅展超过70 mm，体污白色，前后翅外缘均有7个深褐色斑点，腹部肥大，末端密生黄褐色绒毛。雄蛾较雌蛾体稍小，善飞翔。雌成虫在石缝或树皮缝中产卵过冬。卵球形，灰褐色，有光泽，密集成卵块，每块有200～600粒，上常覆盖有黄褐色绒毛。幼虫初孵化体长约1.2 mm，淡黄褐色，后变暗褐色；老熟幼虫体长约60 mm，头部黄褐色，全身生有棕黑色短毛和黄褐色长毛（彩图47）。蛹长约20 mm，纺锤形，黑褐色，腹部各节生有刺状物。

防治方法　在成虫羽化盛期，用黑光灯诱杀成虫，秋冬结合田间施肥整地挖卵块。利用其上下树的特性，树干上用2.5%溴氰菊酯300倍液涂60 cm宽的药环，可毒杀上树幼虫。涂药环1次药效约20天，连续两次。5月上旬喷50%辛硫磷乳油1 500倍液及菊酯类农药效果均好。

44. 如何识别及防治柿草履蚧？

形态特征　成虫（彩图48）雌虫无翅，体长10 mm，扁平椭圆形，似草鞋状，背面灰褐色，腹面赤褐色，被有白色蜡粉。卵椭圆形，黄色，若虫与雌虫相似，但体小色深。雄蛹圆筒形，褐色，长约5 mm，被白色绵状物。

防治方法

●人工防治。秋冬季节结合挖树盘，施基肥，挖除树干周围的卵囊，集中烧毁。2月初在树干基部绑30 cm高左右塑料薄膜，下部用土培严踩实，阻止若虫上树。在若虫上树前，距树干基部60 cm左右处刮去一圈6 cm宽粗皮，涂药环并及时清除带下若虫。雌虫下树产卵时，在树盘周围挖3～5个30 cm见方土坑或环槽，内置柴草引诱成虫产卵，然后集中烧毁。

●药剂防治。如若虫已上树，可在3月下旬喷布20%杀灭菊酯乳油2 000倍液或其他触杀性药剂防治。另外，注意保护红环瓢虫、暗红瓢虫等天敌。

45. 如何识别及防治柿园橘小实蝇？

危害特点　橘小实蝇虫口密度大，大发生时可见大量成虫群集在柿果上，果上卵痕累累，每果有虫5～15头。危害隐蔽，卵产在果内（彩图49），孵化率高，天敌少，危害前难以发现。食性杂，除危害柿外，还可危害柑橘、桃、李及部分瓜类。

防治方法　清除柿园落果，每5～7天清除1次。落果严重时，1～2天清除1次。对树上未熟先黄或产卵孔痕迹明显的青果也要及时摘除，集中深埋或销毁。冬季结合修剪进行冬深翻，恶化虫蛹越冬环境，减少冬后残留量。进行矮化修剪，实行果实套袋。

建议用物理诱粘剂诱杀成虫，将20 mm药液均匀地涂抹在废弃的9～10只矿泉水瓶的表面，把涂刷好的瓶悬挂在果园，每亩4～5只即可。在虫果严重期，地面喷施50％辛硫磷乳油1 000倍液毒杀老熟幼虫。

46. 如何识别及防治其他蚧？

垫绵坚蚧（彩图50）　以成、若虫吸食嫩枝、幼叶和果实，对产量和质量影响大。一年发生1代，以2龄若虫在柿树荫蔽处越冬。翌年5月越冬若虫随寄主叶片生长，爬到叶片正面固着危害。7月上旬进入若虫孵化期，若虫孵化后，从卵囊中爬出，分散到叶背面继续吸食危害，10～11月间转移到枝干老皮裂缝处越冬。

日本长白蚧（彩图51）　以若虫、雌成虫刺吸树干和叶片上汁液，造成树势衰弱叶稀少、叶小，或在短期内聚集，布满枝干或叶片，造成落叶或枝条干枯。一年3代，3月下旬至4月中旬进入羽化盛期，4月下旬进入产卵盛期。第一代若虫孵化盛期在5月中下旬，第二代在7月中下旬，第三代在9月中旬至10月上旬。第一、第二代若虫孵化比较整齐，第三代持续时间略长。

角蜡蚧（彩图52）　以雌虫在枝上、雄虫在叶上危害，还可分泌蜜露引发煤污病，近年危害呈上升趋势。该虫1年发生1代，以受精雌成虫在枝干或叶片上越冬，翌年5～6月间产卵，1～2天后在枝上固定危害。

防治方法　冬季刮除主干主枝上老树皮及苔藓、地衣，消灭树皮缝中的越冬若虫，剪除受害重的虫枝，集中烧毁。受害重的柿园，用硬刷刷除2～3年生枝条上的虫体。在卵的孵化期、若虫孵化盛期喷洒40％杀扑磷1 000倍液，或50％马拉硫磷1 500倍液，2.5％溴氰菊酯3 000倍液喷雾等进行防治。

47. 如何识别及防治柿蝉类害虫？

危害特点　以成虫、若虫刺吸寄主植物枝、茎、叶的汁液，严重时枝、茎和叶上布满白色蜡质，致使树势衰弱，造成落花。大部地区年发生1代，以卵在枯枝中越冬。广西等地年发生2代，以卵越冬，也有以成虫越冬的。第一代成虫6～7月发生，第二代成虫10月下旬至11月发生，一般若虫发生期3～11个月。

防治方法 及时摘除柿园内杂草，秋冬清除落叶，集中深埋或烧毁，可减少越冬成虫，发生期及时喷洒15%啶虫脒可湿性粉剂1 000～1 500倍液。

48. 如何识别及防治柿褐点粉灯蛾?

危害特点 幼虫啃食寄主植物叶片，并吐丝织半透明的网，可将叶片表皮、叶肉啃食殆尽，叶缘成缺刻，受害叶卷曲枯黄，继变为暗红褐色。严重时叶片被吃光，严重影响生长。1年发生1代，以蛹越冬，翌年5月上中旬开始羽化产卵，6月上中旬孵化。幼虫共7龄，幼虫（彩图53）一般嚼食寄主植物的叶片，危害颇烈。成虫一般夜间活动。

防治方法 摘除卵块及3龄前聚在一起的有虫叶，集中烧毁。冬季深翻土壤杀灭越冬蛹，也可在老熟幼虫下树入土化蛹前，在树干上束草诱集幼虫化蛹，解下后烧毁。也可在幼虫3龄前喷洒30%苯醚甲环唑粉剂1 000～1 500倍液，每周喷洒1次。

49. 如何识别及防治柿蛾类害虫?

舞毒蛾 又名秋千毛虫、柿毛虫、松针黄毒蛾。幼虫蚕食叶片，严重时整树叶片被吃光。1年发生1代，以卵块在树体上、石块、梯田壁等处越冬。寄主发芽时开始孵化，初孵幼虫日间多群栖，夜间取食，受惊扰吐丝下垂借风力传播，故被称为秋千毛虫。2龄后分散取食，日间栖息在树杈、皮缝或树下土石缝中，傍晚成群上树取食。幼虫期50～60天，6月中下旬开始陆续老熟爬到隐蔽处结薄茧化蛹，蛹期10～15天。7月成虫大量羽化。成虫有趋光性，雄蛾白天飞舞于树冠上枝叶间，雌蛾体大笨重，很少飞行。

茶斑蛾 幼虫咬食叶片，低龄幼虫仅食下表皮和叶肉，残留上表皮，形成半透明状枯黄薄膜（彩图54）。成长幼虫把叶片食成缺刻，严重时全叶食尽，仅留主脉和叶柄。1年2代，以老熟幼虫于11月后在柿树基部分杈处或枯叶下、土隙内越冬。翌年3月中下旬气温升高后上树取食。4月中下旬开始结茧化蛹，5月中旬至6月中旬成虫羽化产卵。第一代幼虫发生期在6月上旬至8月上旬，8月上旬至9月下旬化蛹，9月中旬至10月中旬第一代幼虫羽化产卵，10月上旬第二代幼虫开始发生。初孵幼虫多群集于柿树中下部或叶背面取食，2龄后逐渐分散咬食叶片成缺刻。幼虫行动迟缓，受惊后体背瘤状突起处能分泌出透明黏液，但无毒。成虫见彩图55。

柿梢夜蛾 初孵幼虫蛀入嫩叶苞中危害，2龄幼虫吐丝把顶梢嫩叶卷成饺子状，潜伏其中危害顶端嫩叶，3龄后食量增大，常把叶片吃光后，向下移动继续危害（彩图56）。1年发生2代，世代重叠，以老熟幼虫入土化蛹越冬，翌年5月下旬至6月上旬成虫羽化，6～8月进入幼虫危害期，7～8月幼虫发生，多从柿树叶尖边缘向内取食呈不规则形缺刻状，受惊扰时后退下落，8月下旬开始陆续入土化蛹。

褐带长卷叶蛾 幼虫（彩图57）先把嫩叶边缘卷起，后吐丝再把嫩叶缀合、藏在卷叶中危害叶肉，留下一层表皮，产生透明枯斑后穿孔，大龄幼虫喜把2～3张叶片平贴，把叶片食成缺刻或孔洞。1年发生4～9代，1代幼虫在5月下旬发生，2代在6月下旬至7月上旬，3代在7月下旬至8月中旬，4代在9月中旬至翌年春天，1、2代主要危害花蕾、嫩叶，进入9月后幼虫以危害果实为多。

柿钩刺蛾 主要危害柿，幼虫（彩图58）在叶缘把柿树叶片卷成小圆锥状躲在其中进行取食危害，卷叶很小。幼虫黄褐色，6月中旬进入化蛹盛期，6月下旬至7月下旬羽化，5～10月是幼虫危害期，以5～8月危害较重。

小蓑蛾 以幼虫在护囊中咬食嫩芽、嫩梢、叶、树皮、花蕾、花及果实。幼虫集中蚕食叶片可造成枝叶光秃。1年发生3代，多以3～4龄幼虫在蓑囊内悬挂在枝上越冬（彩图59）。3月，气温10℃，越冬幼虫开始危害，成为早春的害虫，5月中下旬后幼虫陆续化蛹，6月上旬至7月中旬成虫羽化并产卵，第一代幼虫发生在6～8月，7月危害严重。第二代的越冬幼虫在9月间出现，冬前危害较轻。

防治方法 蛾类害虫发生规律大致相同，幼虫防治方法如下：冬季清园，残枝落叶及早烧毁。发现卵块马上摘掉集中烧毁。利用舞毒蛾幼虫白天下树潜伏的习性，在树干基部诱集捕杀，也可在树干上涂55 cm宽的药带，毒杀舞毒蛾幼虫，树上4龄前幼虫喷药防治。在卵孵化盛期或低龄幼虫期喷洒25%甲氰辛硫磷乳油1 000～1 500倍液、10%吡虫啉可湿性粉剂800～1 000倍液。

成虫防治 ①农业防治。剪除残留柿蒂、枯枝、树叶，刮除主干及大枝上的老翘树皮并集中销毁。秋天树干捆草把，诱集越冬害虫，于第二年害虫上树前撤除并烧毁。早春深翻树盘，既能提温保墒，也能暴露越冬害虫。早春围塑料裙阻止害虫上树。②灯光诱杀成虫。大多数刺蛾类成虫有趋光性，在成虫羽化期，可设置黑光灯诱杀，效果明显。③药剂防治。发生严重的年份，可选择高效氯氰菊酯1 000倍液喷洒叶片。④保护刺蛾紫姬蜂、螳螂、蠋蝽等天敌。⑤开展生物防治。寄蝇寄生率高，要充分保护和利用，可喷洒苏云金杆菌1亿～2亿孢子/mL。

八、柿采后增值措施

1. 如何确定柿子的采收时间？

柿子采收时间依目的不同而有区别。用于加工柿涩汁的，在着色前可溶性单宁含量最高的8月采收；作为硬柿供食的柿果，甜柿在温暖地方9月中下旬已经脱涩，也有采摘上市的。但提早采收影响品质，会使消费者对甜柿品质发生误解，因此，须在显示该品种固有色泽时采收，富有橙红色、次郎浅橙色、禅寺丸暗橙红色时品质最好。涩柿则在8月成熟时陆续采摘，脱涩后上市。软食用的柿果，以成熟度高的风味好，所以要在充分成熟后采摘。加工柿饼用的，宜于果实由橙转红成熟时采收，通常都在霜降后果实含糖量最高且尚未软化时采收。此时采收的柿子，加工柿饼时削皮容易，制成的柿饼肉质红亮、霜厚、品质高。

现代成园栽培的柿树，植株低矮，直接从树上剪取果实完全能够做到。放任生长的柿树一般比较高大，无法直接用手采摘，往往需用采果器、捞钩、夹竿等工具采摘。柿子属于浆果，果柄很硬，极易戳伤或碰伤果面引起腐烂，因此，采收时务必细心，最好用剪子直接在树上从果柄与柿蒂相连处剪下，若用夹竿夹取的，须夹下边剪去果柄，以免在储藏和运输途中戳伤他果而造成损失。果柄剪去后仍要轻拿轻放，筐内要衬垫软物，盛装不要过满，运输途中要防止颠簸。阴雨天采收湿度太大，柿果容易腐烂，因此，采收要在晴天进行。

不同地区柿子的采收方法不同，有用夹竿的，有用捞钩折的，有用手摘的，有用采果器采的。但大体可分为以下2种。

折枝法　用竹制的夹竿（在顶端，从中部劈开，削成楔形，距先端0.33 cm左右，用铁丝缚紧）或铁质的捞钩，将柿果连枝折下。这种方法常将强壮结果枝顶端的花芽折去，影响翌年产量，也常使2～3年生枝折断。但是，折枝能刺激枝条基部鳞片下的副芽萌发，产生粗壮结果母枝，又有利于来年增产，也便于控制树冠。若使结果部位不外移，最好采用此法，不过在采收时不要折断2～3年生枝条，使结果枝基部的副芽发育为预备枝，与前一年的预备枝错开结果。

摘果法　用手或采果器将柿果逐个摘下。采果器是用8～12号铁丝弯成直径20 cm的圆圈，圈的对口处弯一对小钩，铁丝圈下缝一布袋，缚在长竿上。用圈套住果实，一推一拉，可使果实掉入布袋内。这种方法虽能保留结果枝上的花芽，但树势容易衰老，结果部位外移，内膛空虚。树势衰弱以后，大小年现象益趋严重，数年后若不进行回缩修剪，产量便会显著下降，特别是成片栽植的柿园更为显著。此法适用于未进入盛果期幼树采收，这样既能使结果枝上的花芽结果，又能继续扩大树冠。柿子的果柄和萼片干后很硬，最好在采收时剪去果柄，并在分级时将萼片摘去，以免在储藏和运输途中戳伤其他果实，而造成损失。

2. 如何对柿果进行分级包装？

为便于储存、运输和销售，提高柿果的商品价值，采收后须进行分级。分级时先剔除病虫果、伤果、污染果及畸形果，再按大小分为四级：①特级，单果重200 g以上。②一级，单果重150～200 g。③二级，单果重100～150 g。④三级，单果重75～100 g。包装品按产品数量、市场远近而定，常用包装技术主要有以下几种。

木箱包装　为便于运输销售，装柿果的木箱可大可小。大箱的尺寸以长52 cm、宽24 cm、高35 cm为宜，可装柿果15 kg；小箱以长48 cm、宽33 cm、高14 cm为宜，可装柿果7.5 kg。装箱前，应根据果实成熟度、果形、色泽等分级，各级要具有相似的重量、形状、色泽和成熟度，切忌参差不齐，良莠有异。分级后分别放入箱内，箱底先铺上软质材料，再放入柿果，直至箱满。装果时注意柿蒂与柿果应相间开，不要直接挤压果面，以防扎伤。封箱后在箱外打上品种名称、等级、产地等标记。

瓦楞纸箱包装　箱内用纸板做格间，每格间放1个柿果，每层用瓦楞纸板隔开，用胶带封箱。箱外设计精美图案，标注品种名称、等级、产地等。

小塑料袋包装　用一定厚度的塑料袋，内装二氧化碳或乙烯吸附剂，将柿果装入袋内，封后储藏或上市。大包装袋不超过20个柿果，小包装袋装2～4个，果实与果实之间隔开。

软纸箱加透明膜包装　用一定厚度的软纸板纸盒，在下面封以透明膜，装入柿果，之间有隔板，蒂朝下，果顶朝上，紧贴透明膜。柿果也可用薄的塑料膜包装起来再放入盒内。外表图案设计要精美，并标记品种、等级、产地等。

3. 柿果为什么会有涩味？

柿果与别的水果不同，有涩味，这是因为其果肉中含有很多单宁物质，单宁物质是一种无色花青素的配糖体。

果肉中单宁细胞与普通薄壁细胞从横断面很难区别。在切片中加一滴氯化亚铁溶液，单宁就成为蓝黑色的单宁酸铁，于是蓝黑色的单宁细胞就很容易与无色的薄壁细胞区别开来；用盐基品红染色，能使单宁细胞染成深红色，薄壁细胞染成淡红色；结晶紫将单宁细胞染成深紫色。在观察过程中发现，由于单宁细胞与薄壁细胞内含物不同，折光率也有差异，细胞解离以后，特别是脱涩以后，即使不染色也能将单宁细胞与薄壁细胞区别开来。

未成熟的柿果中单宁，大都以可溶性状态存在于单宁细胞内，当人们咬破果实后，部分单宁细胞破裂，可溶性单宁流出来被唾液所溶解，使舌上黏膜蛋白质凝固，舌头受到收敛作用，使人感到有强烈涩味，同时还产生了一种黄白色的固体物质使舌苔增厚而令人十分难受。

4. 影响柿果脱涩的因素有哪些？

品种　由于品种之间的单宁细胞大小、数量及可溶性单宁含量和成分的不同，脱涩难易程度也就不一样。

据王仁梓观察，次郎柿（甜柿）果实内单宁细胞的数量要比鸡心黄（涩柿）少得多，而且单宁细胞也比鸡心黄小，普通薄壁细胞较大，因而次郎柿脱涩容易，鸡心黄脱涩较难。又据作者试验，可溶性单宁含量最多的冻柿，温水脱涩的时间最长，需要110 h，干帽盔次之，需73天，老四沟柿需32 h，而次郎、富有、松本早生等甜柿可溶性单宁含量均在0.2%以下，低于人对涩味的忍受能力以下（人们对涩味的忍受能力各不相同，一般人可忍受0.2%的可溶性单宁含量），吃起来不感到有涩味，所以便不用脱涩处理，采下来就能吃。

依品种不同，自然脱涩有3种类型：①采收前在树上已脱涩，如甜柿中的富有、次郎、松本早生、富有、罗田甜柿等完全甜柿类品种；有足够种子，成熟时能在树上完成脱涩的不完全甜柿，如禅寺丸、西村早生等。②树上不能脱涩，采后经过后熟软化便能自然脱涩的品种。例如眉县牛心柿、甘泉大棱柿、陇东尖顶柿、文县馍馍柿等各地优良柿品种。③虽经后熟软化仍不能脱涩，例如驴奶头柿、娄疙瘩等必须人工脱涩。

品种之间所含的单宁成分可能不同，对不同的脱涩方法的反应也不同。王仁梓在1973～1975年，用温水（40℃）脱涩法对百余个品种做了比较，大体可分为极容易、易、中等、难、极难脱涩等五种。

成熟度　随着果实的成熟，单宁含量逐渐减少，而且可溶性单宁也逐渐转变成不溶性状态。甜柿类果实在成熟时果内可溶性单宁含量低于0.2%，一摘下来就能吃；在未成熟果面还是绿色时，果内可溶性单宁含量高于0.2%，吃起来仍有涩味。涩柿类果实虽然随着果实成熟，单宁含量逐渐降低，可溶性单宁也不断转变成不溶性单宁，但是，成熟的果实中仍有相当多的可溶性单宁，所以脱涩以后才能食用。实践证明，成熟度高的果实较成熟度低的容易脱涩。

温度　温度的高低直接影响果实的呼吸作用。温度高呼吸作用强，产生醇、醛类物质多，容易脱涩；温度低呼吸作用弱，醇醛类物质少，脱涩速度慢。温度也会影响乙醇脱氢酶的活化程度，在45℃以下，随着温度升高而增强，将乙醇转化为乙醛的能力就大，速脱涩；45℃以上，随着温度升高，酶的活动逐渐减弱，脱涩就不容易。

药品浓度　无论是间接作用或直接作用，最终都是由化学物质使可溶性单宁发生变化，因此，能使柿脱涩的化学物质的浓度愈大，脱涩愈快。如乙烯利脱涩时，乙烯利浓度越大脱涩的速度越快。用二氧化碳脱涩时，加大压力、增加二氧化碳含量比在常压时脱涩要快。鲜果脱涩时，混入的鲜果越多，产生的乙烯越多，脱涩的时间越短。但是，化学物质过多往往会损害柿果的风味，例如乙醇脱涩时的乙醇过多，会使果面变褐，并使果实具有刺激性异味；乙烯浓度过大，促使糖分解，味变淡。

5. 柿果脱涩的具体方法有哪些?

涩柿品种,柿果鲜食必须脱涩,才能使硬柿肉质脆硬,味甜。脱涩的方法很多,一般主要采用以下几种方法。

温水脱涩　将新采柿果装入铝锅或洁净的缸内,倒入40℃左右的温水,淹没柿果,密封缸口,隔绝空气流通。保持温度的方法因具体条件而异,有的在容器下边生一个火炉,有的在容器外面用谷糠、麦草等包裹,也有隔一定时间掺入热水的。脱涩时间长短与品种、成熟度高低有关,一般10～24 h便能脱涩。该法脱涩的柿子味稍淡,不能久储,2～3天后颜色发褐,变软,但脱涩快。不能大规模进行,小规模的就地供应时,采用该法比较理想。

冷水脱涩　该法多在南方应用。将柿果装在箩筐内,连筐浸在塘内,经5～7天,便可脱涩。水若变味,可重新换水。此法脱涩虽然时间较长,但不用加温,无须特别设备,果实也较温水脱涩脆硬。

石灰水脱涩　每100 kg柿果用石灰3～5 kg。先用少量水把石灰化开,再加水稀释,水量要淹没柿果,经3～4天便可脱涩。如能提高水温,可缩短脱涩时间。用此法脱涩还有保脆作用。

二氧化碳脱涩　将柿果装入密闭的容器内,上下方各设1个小孔,二氧化碳由下孔注入,待上方小孔排出二氧化碳时,塞住小孔,维持一定时间,直至柿果脱涩。也可将箱装或筐装的柿子密闭在大塑料帐内,充入压缩的二氧化碳气体,使浓度达60%以上,维持25～30℃,经20～25 h便可脱涩。若提高温度至40℃,经8～10 h便可脱涩。用此法脱涩的柿果,质地硬脆,但不能促进果实着色,故适用于完全着色的果实。

乙炔脱涩　将柿果放入密闭容器内,底部放2个盛放器皿,其中一个放入电石(碳化钙),4 g/m³;另一个放入水,两者用纱布相连,使水和电石作用而产生乙炔气体。在18～25℃,相对湿度85%左右条件下,经4～5天即可脱涩。

乙烯利脱涩　将乙烯利配成一定浓度(0.03%～0.05%)的水溶液,喷在柿子上,而后密闭,3～7天即可脱涩。也可将采收后的果实,连筐在含有0.05%乙烯利的水溶液中浸蘸,经3～7天便可脱涩。

乙醇脱涩　将柿子装在密闭的容器中,每装一层,喷少量95%乙醇,装满后加盖密封，7天后便可脱涩。注意乙醇喷得不可过多，否则果面容易变褐，并有不适味道。

熏烟脱涩 1 m见方，下底比上口稍大，在距坑底30 cm左右处向两边挖洞，洞内放入柿果，坑底放入麦糠或乱草等不易着火而生烟多的燃料，点燃，待坑内充满烟气时密封坑口，3～4天即可脱涩。该法虽然成本低，但易造成污染，最好不用。

松叶混置脱涩 将马尾松叶切碎，在容器底部铺10～12 cm厚，再放进柿果，然后在柿果上盖8～10 cm厚的针叶，密闭，在常温条件下，经3～5天即可脱涩。脱涩后的柿子不易烘软，且有芳香气味。该法常用于运输途中脱涩。

冻结脱涩 将柿果储存在-30～-20 ℃低温冷库，能很快脱涩。但品种不同，脱涩所需时间也不同。

6. 什么是返涩现象？

有些脱涩柿果或柿饼，放置一段时间或加温蒸煮后又恢复了涩味，这种现象称为返涩现象。有关脱涩的机制研究较多，对返涩的机制报道较少，一般认为在脱涩过程中，单宁从可溶性低聚合态单宁生成不溶性高聚合态单宁，这种变化过程是可逆的。通过热、酸、光照等处理，单宁由不可溶性变成可溶性，从细胞中分散出来，涩味再现，返涩是一个物理变化过程。柿子返涩可溶性单宁临界值为0.61 mg/g。柿果在脱涩过程中，随着脱涩时间的延长，单宁细胞的形态由不规则或多角形变成卵圆形，体积缩小，由细胞之间连接紧密至几乎成游离状态的单个细胞。在柿果加热返涩过程中，随着热处理时间的延长，单宁细胞由卵圆形变成不规则形，单宁从细胞内向外溢出分散于细胞之间，呈网状结构，加热时间越长，这种变化越明显。

7. 良好的储藏方法有何商品价值？

为了延长商品出售时期，稳定市场供应，对果实采取储藏保鲜措施是十分必要的。储藏期长短取决于内因和外因两个方面因素，内因是指柿子品种的耐储性、成熟度及有无损伤；外因指储藏环境的温度、湿度、气体成分及生物等因子。良好的储藏方法能够使果实品质长时间保存下来，同时能够进行错季销售，为果农带来丰厚的效益。

8. 影响柿果储藏的因素都有哪些？

一般晚熟品种较早熟品种耐储，如甜柿中晚熟的富有、骏河比早熟的伊豆、西村早生耐储；晚熟的陇东尖顶柿、眉县牛心柿较早熟的灵台水柿耐储；含水量低的比含水量高的不耐储，如火柿比水柿耐储。同一品种，早采收的较迟采收的不耐储，但完熟期采收的更不耐储，曾遭霜冻的果实极不耐储，所以储藏用的应适当早采。果实大的比果小的耐储性差，大果容易变软，特别是富有。大果常发生蒂隙长霉，果顶也容易软化，可是小果虽较耐储，但商品价值低，所以储藏用的果实以中等偏大的为宜。病虫危害或碰压损伤的果实极易软腐变质，因此，储藏用的果实必须细心采摘，严格剔除病虫伤果，而且在储藏前剪去果柄、摘除萼片、或每层间衬垫填充物以防相互戳伤。

储藏的环境条件。储藏的环境条件对储藏期长短影响极大，其中主要是温度、湿度、气体成分及生物等因子。高温会加速呼吸作用，使营养物质消耗，易受病菌感染；低温能抑制呼吸，可延长储藏期，但温度过低果实冻结，色泽变褐，影响商品价值。湿度低，果实容易失水而干缩，湿度过大，果面凝聚水珠，易受病菌感染。空气成分中氧的含量高会加速呼吸作用，促进胡萝卜素及维生素C的损失，分解作用加剧，含糖量降低，味变淡。二氧化碳或氮的比例增大，有利延长储藏期，空气中含有乙烯气体可促使果实软化。鼠、雀会直接损伤柿果，应严加防范。细菌、酵母菌和霉菌的侵染，会导致果实生霉、酸败、发酵而腐败变质。

9. 柿果储藏的原理是什么？

采后呼吸　柿的呼吸型属于末期上升型，采收后呼吸作用排出的二氧化碳马上降低，当开始软化时二氧化碳含量增大。为了长期储存必须抑制呼吸强度。

乙烯利　柿在硬的时候，几乎不产生乙烯，软化时产生的乙烯比苹果、山楂低，可是会严重地影响其他柿果的存放。因为，柿果一遇到外来乙烯，呼吸马上增强，果实迅速变软，即使库内乙烯含量较低，反应也极为明显。烟草的烟和汽车的废气中，都有大量的乙烯，在入库过程中务必注意。

储藏温度　将富有柿放在0℃、5℃、10℃、20℃环境条件下，经40天后测定呼吸量：0℃环境中呼吸排出的二氧化碳迅速下降后，呼吸量稳定在5 mg/（kg·h）左右；5℃环境中呼吸排出的二氧化碳迅速下降至5 mg/（kg·h）后，又缓慢上升至10 mg/（kg·h）；10℃中呼吸量先降至10 mg/（kg·h）后回升至25 mg/（kg·h）；20℃环境中呼吸量不断上升，至30 mg/（kg·h）以上。柿果在储藏期温度低时，呼吸比较稳定，最适温度为0～1℃。在-2℃左右开始冻结。冷库内的冷风口附近，温度很低，必须注意。

气调冷库效应　空气中氧的含量约为21%，二氧化碳含量约为0.03%。水果在人工调节氧和二氧化碳浓度后可延长储藏期，这一作用称气调冷库效应。据试验，以气体中含氧5%、二氧化碳5%～10%的气调冷库效应最好，对防止柿子软化，保持脆度的作用特别明显。

10. 柿果的储藏方法都有哪些？

根据储藏期降低温度，便可降低柿果呼吸强度，控制乙烯产生，便可延迟软化，达到延长储藏期的原理，人们在生产中创造出了一些储藏方法，各地可依气候和经济条件选用。

室内堆藏　选择阴凉、干燥、通气好的窑洞或楼棚，清扫干净，铺一层稻草，厚15～20 cm。轻轻地堆放2～3层柿果（小果类可酌情多放，过厚时当柿果软化后容易压破，过薄占地太多）。此法较适用于绵柿类品种，可储藏至春节前后。

露天架藏　选择温度变化不大的地方，用圆木搭架，一般架高1 m，过低影响空气流通，柿果容易变黑或发霉，过高操作不便，架面大小依储量多少而定。架上铺箔或玉米秆，上面再铺一层稻草，厚10～15 cm，把柿果轻轻堆放草上，厚度不要超过30 cm，太厚不通气，柿果容易软化或压破。柿果放妥后，再用稻草覆盖保温，使温度变化不至于过大，上面再设雨篷，防止雨雪水渗入，引起霉烂。雨篷与草要有一定距离，以利通气。数量少时，可将荆条浅筐架于树杈上，筐底铺一层草，放2～3层柿果，上面覆盖秸草、薄膜以防雨水淋入。温度保持在5～10℃。使用此法，绵柿类品种能储至3月，色泽风味不变。

自然冷冻储藏　冬季气候寒冷时,将柿果放在冷处,任其冰冻,待冻硬后放在北墙外的架上,搭架如前,温度在0℃以下,勿使解冻。这样可储至春暖解冻,吃时先浸入冷水内解冻后食用。

速冻储藏　将柿果先放在-20℃以下的冷库里一两昼夜,使果肉充分冻结,停止生命活动,然后在-10℃左右的温度中储存,色泽及风味变化甚少,几乎可以全年供应。食用时将冻硬的果实浸于冷水中慢慢解冻。这种方法能保持维生素C的含量。

液体储藏　又称矾柿法。液体储藏在宋朝已有应用,以后又有所发展,但应用不广。成熟较晚或皮较厚、水分少、耐储藏的品种,在着色变黄时细心采收,轻放筐内。前一天将水烧开,每50 kg水加盐1 kg、明矾250 g(广西植物研究所试验增加盐和明矾的浓度能延长储藏期),溶化后冷却备用。将配好的盐矾水倒入干净缸内,再将鲜柿放入,并用柿叶盖好,以竹条压住,使柿果完全浸没液中。当水分减少时须经常添加,这样能放到春节,甚至可放到4～5月。取食时严禁手取,必须用干净的勺捞取,否则杂菌进入后容易发酵变质。此法储藏的柿味甜质脆,但储藏量少,有时略带碱味。

这种储藏方法,技术要求很严,一般不易掌握。储藏质量好坏与盐、矾配合的比例有关,必须根据品种、成熟度灵活运用,并且对卫生条件的要求也较高。

气体储藏　将鲜柿置于密封的容器中,如缸、箱、聚乙烯薄膜袋、库等,降低氧的含量,抑制生命活动,就能延长储存时间,代替氧气充实空间的气体有二氧化碳、氮等。储藏过程氧的浓度控制在3%,二氧化碳为20%～25%,极大部分为氮,可储存2～4个月,使果实保持脆硬,不变色。

气体储藏时要经常抽查和调节气体浓度,不要忽高忽低,否则因过分缺氧使糖分分解,味变淡,产生大量的乙醛等物质,使果实具有一种令人不愉快的刺激性臭味。必须保持一定的湿度,使果实不皱缩,但湿度过大也不耐储藏,可用生石灰、氯化钾等作吸湿剂。储藏期温度控制在2～8℃。

冷库储藏　低温能抑制柿果的呼吸,冷库是在人工控制温度条件下储存的。据试验,富有在室温下能储1个月,5℃的环境温度下可储藏1.5个月,0℃环境下能储2个月。因此,冷库的温度控制在0～2℃为宜。

气调冷库储藏　柿气调冷库储藏是气调加冷藏,使库内气体在含氧5%、二氧化碳5%～10%的条件下,抑制柿果呼吸和生命活动,效果比单纯冷库储藏好得多。但气调冷库储藏库造价高,储藏期间管理也较困难,个体储藏性之间差异很大,一个柿果软化后产生的乙烯,会促使周围柿果迅速软化,库内乙烯更浓,软柿也越来越多。所以,目前在库内常放置乙烯吸收剂,降低乙烯浓度。

简易气调储藏。用0.1 cm厚、80 cm长、35 cm宽的聚乙烯薄膜袋(或用硅窗袋,硅窗面积约80 cm²),每袋约装鲜柿10 kg。在装果的同时放入吸湿用的250 g生石灰的布包,在柿果上方放一包装有吸足饱和高锰酸钾溶液的载体,以便吸去乙烯气体,并在袋口放入吸有0.6 mL仲丁胺的布条,扎好袋口后置于储藏架上。储藏室温度保持在10～12℃,储存1个月后开口换气,可存放50天左右。若储存于0～3℃的环境中,存放期更长。

用0.04 mm聚乙烯薄膜袋装鲜柿,每袋喷2.6 mL 3.5%的乙醇,加去氧剂0.8～1.6 g。保持袋内氧1%～2%,二氧化碳4%～7%。袋内再放吸收了饱和高锰酸钾的载体17 g/kg,以吸收乙烯,在0～1℃的冷库中储存。

聚乙烯袋冷藏法 柿果装在聚乙烯袋内密封,不但可防止水分蒸发,而且经储藏一段时间后,袋内气体成分与气调冷库储藏效果相似。据试验,0.06 mm聚乙烯袋储藏后,氧的含量为5%,二氧化碳为5%～10%,香川县11月27日采的富有柿,储至翌年4月27日,无论色泽、硬度、风味均似鲜柿。为防止个体间差异的影响,用0.06 mm厚、10 cm宽、15 cm长的聚乙烯袋,逐个分别密封,储于0℃库内。这样,即使某个果实早早软化,软化后所散发的乙烯,仍保持在袋内,不能逸出成为其他果实的外源乙烯,也就不会使其他柿果软化。经储藏从库内取出后,不要马上从袋内拿出来,保持原状运销出售较好,以免碰伤和变质。

聚乙烯袋+保鲜剂冷藏法 选好耐储性强的柿果后,用赤霉素处理,防止果实衰老,再逐果分别装入0.06 mm聚乙烯袋。袋内适量放入乙烯吸收剂,封闭后置于冷库内储存,这样储存的效果更好。

防腐保鲜 防腐保鲜有化学药剂处理和天然保鲜剂保鲜两种方法。由于农药残留等问题的存在,目前研究已转向天然保鲜剂,主要有壳聚糖、水杨酸、脱乙酰甲壳素等。有关柿果的防腐保鲜近几年也开展了不少研究工作,采后用生理活性调节剂赤霉素处理柿果,可减少乙烯释放和呼吸强度,延缓后熟软化，抑制脱落酸的积累。郑国华等研究表明，采前叶面喷布赤霉素，可明显提高内源赤霉素活性，抑制内源脱落酸增多。有利于柿果的保硬而且明显抑制总体色素含量。李丽萍等用适宜浓度的水杨酸处理磨盘柿，延缓常温储藏时硬度下降。齐志广等用不同试剂处理，结合不同保鲜方式对柿果保鲜效果进行了研究，结果表明，采取保鲜处理后可以延迟快速烂果期的到来，而且柿果硬度下降速度缓慢。马惠玲等研究筛选出乙烯脱除剂中的Sp-1，限气包装方式中的硅窗袋加二氧化碳释放剂，液体浸泡中以盐矾液氯化钙+20 mg 赤霉素为有效药剂，经物理化学测定结果表明，前两种处理有利于保持储后柿果的风味品质。惠伟等研究表明，4%氯化钙减压渗透可降低火柿乙烯释放和呼吸强度，抑制果实软化。

九、轻简化栽培技术与新型农业机械应用

1. 什么叫果树轻简化栽培?

果树轻简化栽培也叫低成本栽培,主要采取矮化密植,生草栽培,肥水一体化自控灌溉,病虫害生物防治,简化修剪,生长调节剂调节和充分利用果园除草、耕作、喷药等机械设施进行果园高效栽培管理,实现果树高产、优质、大果、高糖、矮化、完熟、高效的目的。

2. 为什么要推广果树轻简化栽培技术?

传统的果树业是劳力密集的精耕细作型的栽培方法,虽然使我国的果树生产得到发展,产量和品质都有了较大幅度的提高,但随着第三产业和乡镇企业的不断发展,大批有文化、有抱负、有胆识的年轻人外出闯世界,使农村劳动力出现了较大规模的转移。在大批转移到第二、第三产业中去的农村劳力中,绝大部分是青壮年劳力,使农村果树生产从业人员老年劳力比重逐年增加,老龄化高龄化现象已日趋明显,尤其是在经济发达地区已较为突出。随着规模经营的发展,果树生产专业大户不断涌现,经营大面积果园的劳力大部分采用雇用的办法解决,用于劳动力支出的费用比例不断增加。近年来果园经营的各项费用不断提高,其中劳动力的价格上升尤为显著,随着经济的不断繁荣,劳动力的价格还将继续上升。研究和推广果树的省力化栽培(轻型栽培)是社会发展的必然趋势,具有十分重要的意义。

3. 果树轻简化栽培的主要方法都有哪些?

选择抗性强、树体矮化早实的品种 抗性强的品种能减少用药成本和次

数，病虫害防治省力。树体矮化的品种一般结果早，易丰产，也易管理，生产成本低。

实施矮砧、宽行密植栽培模式　矮砧宽行密植模式是世界果树发展的潮流。采用矮砧宽窄行密植栽培，可以较为容易地控制树高和冠幅，并更加有效地利用土地。果园管理上可大幅度降低劳动强度，减少用工。宽行密植主要是为未来果园机械的利用和行间生草打好基础。

重视建园前的规划设计　对于规模较大的新建果园，在建园之初一定要特别注重果园规划，如土壤改良，地下灌溉、施药设施的铺设，采果、分选、包装场地的选定等，这对于建园后的劳作非常重要。

改革土壤管理制度　改清耕制为生草或覆草制。传统上我国果园管理中人工除草每年都占用大量人工，在7～8月雨季更是一项难以完成的任务。所以，改革土壤管理制度非常必要，要放弃清耕制，以提高土壤肥力为目的。降水量较大或有灌溉条件的地方实行果园生草，干旱区域可进行果园覆草，从而减少土壤耕翻和除草用工。长期的生草和覆草，也有利于提高土壤有机质含量，肥沃土壤，健壮树势，抵御各种病虫及自然灾害，降低果园用工。

肥水一体化　中小型果园可以利用打井或园内建水池、水塘等水利设施，利用简单的地下管道，将施肥与浇水合并进行，既省力效果又好。

试验简化原有烦琐工作　授粉、疏花疏果用工量很大，可试验在蜜蜂授粉的同时，进行人工喷粉。试验好花粉的浓度、喷粉时间、次数等技术性问题，应该可以找到有效方法。

预防为主，综合防治病虫害　实施病虫害综合治理，根据预测预报，以预防为主，从病虫开始发生时就进行挑治，合理用药，从而减少用药次数，降低果园用工。

使用抑制激素，控制树体生长　由于我国矮化砧木研究比较落后，所以在密植时，使用抑制生长的激素如多效唑、矮壮素等能有效控制树体生长，达到控制树冠、早结丰产的目的。比如某些晚实性柿品种生长较旺盛，用多效唑控梢效果非常明显，而且促花效果也特别好。

开发果园简易机械　实施宽行栽培，开发研制适合果园特定环境条件的适用机械，如自走式土壤旋耕机、割草机、弥雾喷药机，甚至果树修剪平台机械等，创造出适合我国实际情况的简单易行的果园机械，大幅度解放劳动力，减少果园用工，实施轻简化栽培。

修剪自然轻简化 可根据柿的特性，顺其自然生长，只对少量病虫枝、严重紊乱树势的枝条进行疏除，以简化修剪程序，大大减轻修剪工作量。

4. 果树轻简化栽培应注意哪些问题？

果树轻简化栽培是一个复杂的系统工程研究项目，必须以发达的工业为基础，必须具有较高程度的机械化。

轻简化栽培必须从建园开始规划和设计，综合考虑品种、病虫防治修剪、收获等各个环节。

各品种间的轻简化栽培应根据各自特点，重点解决那些用工量大的环节。

果树的轻简化栽培是一个崭新的研究项目，在如何既要抓好果树生产的"一优两高"又要达到省工省力成省本方面，尚有大量的课题有待进一步研究和探索。

5. 新型农业机械在柿生产中有哪些应用？

多用植树挖坑机（图38） 由小型通用汽油机、超越离合器、高减速比传动箱及特殊设计的钻具组成，适合于＜20°以下的坡地、沙地、硬质土地的柿种植。挖坑直径200 mm、250 mm、300 mm，每小时不低于80 个坑。按一天工作8 h计算，一天可以挖640 个坑，是人工的30 多倍，让人们从繁重的体力劳动中解放出来。动力强劲有力，外形美观，操作舒适，劳动强度低，适合各种地形，效率高，便于携带及野外作业。

图38 多用植树挖坑机

果园微型除草机（图39） 埋草旋耕机既是耕地机械，又是施肥机械，还可作为除草机械用于除草，是一种多功能果园机械。目前使用最多的是与手扶式、小四轮拖拉机相配的配套产品。

图 39　果园微型除草机

双刃嫁接刀（图40） 能够方便更换刀片的嫁接刀，刀架由板材围成方柱形框架结构，相对两个面的内侧或者外侧分别固定设置有压板，在压板和刀架之间夹装有刀片。刀架的上下边缘和压板的上下边缘平齐，刀片的上下边缘均超出刀架和压板的上下边缘。嫁接刀由两片刀片组成，减少了切割的次数，一定程度上提高了工作效率。同时使砧木切割处与接穗的大小相等，保证了精密吻合，而且只需一次切割。刀片是由压片固定，所以刀片很容易清洗或者更换。

图 40　双刃嫁接刀

果园风送式喷药机（图41） 防治病虫害是柿园中最主要的、劳动强度最大的作业，一般每年要喷药3～5次。目前我国果园中大多采用高压喷枪淋洗式的喷雾方法，沉积到果树上的药液量不到20％，大量农药流失到土壤和周围的环境中使环境受到污染，而且操作人员的劳动强度大、条件差、生产效率低。我国在20世纪末从国外引进果园风送式喷药机。它是利用液压先将药液雾化，然后靠风机产生的气流使雾滴进一步雾化并输送到靶标上。携带有细小雾滴的气流驱动叶片翻动，使叶面的正、反面都能着药。这种喷施方法不仅使果树上喷施的药液量比用喷枪喷施大为减少，还提高了药液在靶标上的覆盖密度和均匀度，药液的利用率达到30％～40％，同时操作人员的劳动强度和工作条件还大为改善。

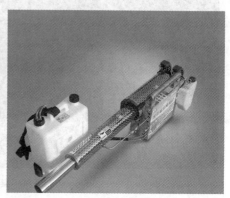

图41　果园风送式喷药机

单轨运输车（图42）　　单轨运输车是为解决狭小空间不宜开设新路，上下坡运输农资和果品而开发的新产品。单轨运输车由机头汽油发动机、变速箱、制动装置、拖车组成。一组手动制动装置使轨道车随时行进和停止，同时还安装一组紧急制动装置，在轨道车工作异常时紧急制动器会使轨道车自动强制停止。驱动装置是由发动机带动变速箱，变数轴带动齿轮转动，齿轮与轨道的齿条紧密相连。因此行走在坡地时，不会发生下滑现象，这样保证了可靠安全的工作。在往山上运送货物时，会遇到不具备筑路条件，造价过高，且很难解决下雨下雪引起的冲刷道路及冬季地面结冰，使车和人上山困难。单轨车有效地解决了上述困难，在45°坡和35°坡的地形条件能长时间承载350kg、500kg，有1吨、3吨车型。在轨道车终点设置了自动停车装置，使轨道车在无人驾驶情况下，到达目的地时能自动停车，给用户带来使用上的方便。单轨车可在800mm狭窄的空间穿行自如，如在树木间、岩石间穿行。在铺设轨道过程中不必筑地基，可在岩石、土质地、沙地等不破坏原来基础的情况下架设轨道，既保证不会大面积破坏原有的地表，又达到环保的效果。

126

图42　单轨运输车

十、果品高效营销策略

1. 果品营销现状如何?

目前,农民所采用的果品营销方法基本上有两种:一种是"守株待兔",就是农民将果品收获以后放在家里,等着客商上门收购;另一种是"提篮小卖",就是果农走街串巷地自己销售果品。而据专业调查所知,目前果品营销的方法至少有一千多种。很多大学都专门设有市场营销专业,市场营销已成为一门体系化的学科。而农民对诸多的科学方法基本上都不了解,更谈不上掌握和运用。落后的营销方法严重制约了果品的销售和农民增收。

2. 果品可以通过哪些主要途径进行销售?

品牌营销 当前果业界在品牌建设方面普遍存在一个问题,只片面重视把一个产品的商标注册成为品牌,而忽视了对品牌的苦心经营并使之发展成为名牌精品,这是造成我国水果品牌多而杂,但有影响力的品牌少的主要原因。现阶段乃至今后很长一段时间内,果品营销量的大小,很大程度上取决于品牌的经营,"山不在高,有仙则名;水不在深,有龙则灵"。对品牌形象进行良好构建,整合和重点培育一批优势水果品牌并坚持苦心经营,营造出名牌果品,必然会成为未来水果市场的赢家。

订单销售 随着市场经济的发展,交通也越来越方便,全国高速公路网络已基本形成,果品的流通范围也逐渐扩大,经济发达地区和因为气候不适宜种植水果的地区,成为水果运销的主要市场。经营商为了抓住市场机遇,提高果实质量,在优质产区与果农预先签订购销合同。这就要求购销双方都要严守合同,购方按时按量按价收购,销方按时按质按量提供果品,不得降低标准,不得掺杂使假。或者采用公司+合作社(协会)+农户的方式进行订单生产与销售。

绿色营销 "绿色"是当今乃至今后果品的"流行色"。为此，我们必须与时俱进，树立绿色营销理念，通过推广无公害果品、绿色果品、有机果品生产技术，不断增加无公害果品、绿色果品、有机果品数量，扩大"绿色"销售。目前我国一部分产区按相应的无公害绿色食品标准进行果园管理、商业栽培、病虫害防治以及果实商业质量控制，已涵盖了绿色营销的经营理念。

知识营销 知识经济时代使果品经营法则开始发生变化，果品营销活动不再只关注果品销售，更强调为消费者提供水果的营养、保健。在这一背景下，以知识普及为前导，以知识推动市场的营销新思想，应该为精明的水果生产、经营者所注意和接受。据报道，名不见经传的冬枣某年走俏上海，成为上海果市"新宠"，一个很重要的原因，就是通过知识普及，使人们对鲜食冬枣有了新的认识：清香甘甜，脆爽透心，富含多种矿物质，维生素 C 含量是苹果的80倍，具有养颜美容之功效，可以预见，随着知识经济时代的到来和发展，知识营销必将无处不在。为此，通过报纸、电视等媒体宣传普及水果的营养、保健知识，对促进果品销售稳步增长无疑具有重要意义。

包装营销 人靠衣装，物靠精装，只有重视包装，并将其作为产品参与市场竞争的重要环节来抓，才能打造出进入大市场、大超市、大商场以及海外市场的知名果品品牌。包装是门科学和艺术，产品包装有创意才能畅销市场。如湖北省秭归脐橙在经过精心包装并在外包装上印上三峡风光后，不仅在市场上非常畅销，而且售价立即增加到30～50 元/kg。我国果品包装技术目前相当落后，不少果品"赤膊上阵"。因此，必须注意包装的重要性，树立包装营销理念，对包装不仅要有一个好的定位，而且要有一个好的名称，要有一个好的商标，要有一句好的广告词。

会展营销 会展营销是指通过展会这个平台，展示展销产品，进行贸易洽谈。所以要推动果品销售，展会是一个非常好的平台，它可以产生巨大的效益。比如福建某市在前些年召开了首届果品展销会，在整个展销会期间，销售各类果品100 万kg，销售额近200 万元，并签订果品供销合同16 份，交易量达6 500 万kg，交易额19 亿元；达成果品供销意向21 份，交易量达2 010 万kg，交易额3 600 万元。会展营销的重要性由此可见。因此，我们一方面要坚持办展，另一方面要鼓励更多的果农、果品营销企业参展。可以预见，随着我国会展业的不断壮大发展，会展营销必将成为促进我国果品销售的又一道亮丽的风景。

河北满城被国家林业局命名为"中国磨盘柿之乡"，满山遍野的柿子红了，每年一届的"金秋红叶柿子节"也在满城隆重地召开着。满城磨盘柿栽植面积达10万亩，年产量8万吨，产值1.5亿元，主要销往俄罗斯及我国东北、西北和沿海地区，带动当地农户4.5万户。

浙江余姚的大岚镇是著名的柿子产区，以果色艳丽，肉质柔软，口味甘甜而闻名。每年秋季来临，以"风情大岚山，缤纷柿乡韵"为主题的"丹山赤水柿子节"便会在大岚镇隆重开幕。

广西桂林的恭城瑶族自治县盛产月柿，以果形美观、色泽鲜艳、个大皮薄、肉厚无核、甜美可口而享有盛誉，是柿子中的上品。恭城县虽然人口不多，但每年10月的"月柿节"却十分红火，全国各地的客商可在为期10多天的活动中，看到在广西有400多年种植历史的月柿，并感受到恭城独特的瑶乡民族文化魅力和风情。

旅游营销　旅游营销是指把果品营销和当地的旅游资源结合起来，以旅游搭路，旅游观光—休闲果品—果品销售。生活水平达到一定程度后，每个人都期望旅游，旅游营销以观光拨动消费者的心弦，让消费者乐呵呵地掏钱尝果。湖北省枝江市安福寺镇就演绎出了旅游营销的精彩篇章。我国旅游资源丰富，开展旅游营销具有不少优势，但旅游营销与当地政府的引导和扶持是紧密相关的，需要政府重视，各方面支持。

特色营销　特色营销是指利用具有独特品位和风格的产品来吸引消费者，满足消费者的猎奇心理，达到促销目的。消费者特别是新成长起来的年轻一代，猎奇心理较强，往往把果品是否具有特色（独特品种、品味、保健功能）作为购买的一个重要标准。为此，果品生产者、经营者必须树立特色营销理念，充分利用各自的地域、人文等特色来推介果品，提升销售业绩。

网络营销　随着信息时代的到来和电子商务的发展，水果营销出现了渠道创新，网络当起了"市场红娘"。互联网互动式即时交流，可以打破地域限制，进行远程信息传播，面广量大，其营销内容翔实生动，图文并茂，可以全方位地展示品牌果品的形象，提高知名度，为潜在购买者提供了许多方便。目前，我国已有众多水果产区、企业和个人在互联网上注册了自己的网站网店，对产品进行宣传、推广和网络销售。可以预见，随着电子商务的进一步发展，网络营销将成为水果市场上一种具有相当潜力和发展空间的营销策略。

事件营销 事件营销是指通过"借势"和"造势"来提高果品的知名度、美誉度，在市场上树立品牌的竞争优势，以达到促销目的。水果市场的事件营销可分为以下五种策略：

● 名人策略。即利用名人带队，以名人的影响力去提高产品的知名度，赢得消费者对产品的青睐。如2008年为解决甜柿价低卖难问题，台湾地区领导人马英九亲自出面，在媒体、电视上推销甜柿，并自掏腰包当场买了18盒，一下就打开了台湾甜柿的销路，提高了甜柿的价格，也在福建等地也打开了市场。

● 荣誉策略。即利用产品被授予的荣誉称号（如中华名果、名牌产品、无公害农产品、金奖等）开展宣传活动，吸引消费者和媒体的眼球，以达到传播的目的。

● 娱乐策略 即经营行为从娱乐切入，让人感到轻松有趣，拉近产品与消费者的距离。

● 体育策略。即通过赞助体育活动来推广自己的品牌。体育活动已被越来越多的人所关和参与，体育赛事也因而成为很好的广告载体。

● 新闻策略。即利用社会上有价值的新闻，不失时机地将其与自己的品牌联系在一起，以达到借力发力的效果。

目前，事件营销理念在我国还比较落后，因此，要充分认识事件营销的重要性，树立事件营销理念，提高利用"事件"促销果品的能力。

诚信营销 诚信是市场经济的基本信条，只有注重信誉的生产者、经营者，才能在市场竞争的多次博弈中获得最大利益。消费者要求的是品牌水果质量可靠，货真价实。广大果品生产者、经营者必须树立诚信营销理念，做到货真价实，做人讲诚信，做事讲诚信，把自己当作一个品牌来经营，树立良好的口碑，诚信会为你的水果事业书写一个新篇章。

3. 果品可以采取哪些策略进行营销？

果品销售不仅要按照市场要求，调整品种结构，而且要根据市场的变化，调整营销策略。要研究以什么品种、何种规格、什么形式、那种价位进入市场，既能卖得出，又能卖出好价钱。

果品销售要提早做出市场预测及规划，不要等果熟才寻找出路，不然又将望果兴叹。

高品质化策略　随着生活水平的不断提高，人们对果品品质的要求越来越高，优质优价正成为新的消费动向。要实施果业高效，必须实现果品优质，实行"优质优价－高产高效"策略。把引进、选育和推广优质果品作为抢占市场的一项重要策略，淘汰劣质品种和落后生产技术，打一个质量翻身仗，以质取胜，以优发财。

低成本化策略　价格是市场竞争的法宝，同品质的果品，价格低的竞争力就强。生产成本是价格的基础，只有降低成本，才能使价格竞争的策略得以实施。要增强市场竞争力，必须实行"低成本—低价格"策略，依靠新技术、新品种、新工艺、新机械，减少生产费用投入，提高产出率。要实行果品的规模化、集约化经营，努力降低单位产品的生产成本，以低成本支持低价格，求得经济效益最大化。

大市场化策略　果品销售要立足非产区，关注身边市场，着眼国内外大市场，寻求销售空间，开辟空白市场，抢占大额市场。开拓果品市场，要树立大市场观念，实行"大市场化"策略，定准自己果品销售地域，按照销售地的消费习性，生产适销对路的产品。

多品种化策略　果品消费需求的多样化决定了生产品种的多样化，一个产品不仅要有多种品种，而且要有多种规格。引进、开发和推广一批名、特、优、新、稀品种，以新品种，引导新需求，开拓新市场。要根据市场需求和客户要求，生产适销对路、各种规格的产品。要遵循"多品种、多规格、小批量、大规模"策略，满足多层次的消费需求，开发全方位的市场，提高综合效益。

加工化策略　发展果品加工，既是满足市场的需要，也是提高附加值的需要，发展以食品工业为主的加工是民办果业发展的新方向、新潮流。世界发达国家果品的加工品占其生产总量的80%，加工后可增值200%～300%；我国加工品只占其总量的25%，增值只有30%；我国果品加工潜力巨大。应瞄准国内外城市市场，对果产品进行系列化加工开发，发展初加工、深加工和精加工，提高竞争力，提高果品的附加值。

标准化策略　我国加入世界贸易组织多年，果品在国内外市场上存在强大的竞争。提高竞争力，必须加快建立标准化体系，实行果品的标准化生产经营，制定完善一批产前、产中、产后的标准，以标准化的产品争创名牌，抢占市场。

名牌化策略　因果品买方市场的形成，消费者挑选的余地加大，市场竞争越来越集中于品牌竞争，要以名牌产品开拓市场，名牌成为开启市场的一把金钥匙。果品要实施名牌化策略，搞好创牌工作，一是要提高质量，提升品位，以质创牌；二是要搞好包装，美化外表，以面树牌；三是开展商标注册，叫响品牌名称，以名创牌；四是加大宣传，树立公众形象，以势创牌。

4. 柿产品市场面临的营销问题有哪些？

当前我国柿生产虽然呈现良好的发展势头，但也出现了一些不容忽视的矛盾和问题，突出表现在以下几个方面：①经营服务跟不上，产业经营中的资金、物资、信息服务，以及经营体制的改革、完善服务等都显得十分乏力，分散的小规模生产束缚得不到有效解脱，专业化、规模化、产业化经营得不到应有的发展。②科技服务体制不适应、服务体系不健全，供求矛盾突出，农民所需的科学技术得不到满足，柿园劣质低产的品种栽培面积大、科学管理水平低的问题长期得不到有效解决。③市场建设滞后、发育迟缓，产销矛盾日益突出。果农卖柿难、果商买柿难的矛盾屡见不鲜，双方对接不畅，或者没有平台和渠道进行对接，因而造成卖果难的状况。④市场管理不规范，市场环境不好，抬压价格、滥收滥罚、乱设关卡等闭市行为和扰市行为时有发生，大家竞相压价，造成经济效益低下。⑤产业龙头举得不高，产业化经营发展艰难，支柱产业优势不能得到有效发挥。以上这些矛盾和问题的存在，严重地挫伤了果农生产的积极性，阻碍了科学技术向生产力的有效转化，浪费了柿的资源，降低了经营效益，危及了柿产业的支柱地位。

就柿产品营销工作而言，归纳起来，主要存在以下具体问题：

品牌意识较差，市场意识不强　在市场经济条件下，农业产业化经营必须以市场为导向，生产企业（组织）必须参与市场竞争。市场竞争是产品竞争，产品竞争是质量竞争，而质量竞争往往是通过品牌竞争来实现的。牌子（品牌）是企业的信用，是企业赖以生存的基础，是企业在市场经济中竞争能力的综合表现。但在现实中，许多生产者（企业）不注重产品的质量（品质），生产集约化程度较低，有些地方仍然以小个涩柿为主，品种混杂，植株高矮不一，产量高低差异很大，果实大小、色泽、品质不同，因而柿产品商品价值低。同时有质量优势的地方不注重树立自己的品牌，导致生产效益低，市场竞争能力弱。

缺乏有效的市场销售网络 果品流通体制改革后，国有果品公司经营量逐年下降，已失去主渠道的作用。据全国供销系统调查，供销社经营量仅占社会购销量的10%左右。同时由于一些生产者仍然以生产为导向，不注重市场开拓，导致柿产品销售不畅。一些生产者（企业）几乎没有自己的市场网络，要么坐在家里等客上门，要么提篮小卖。从生产者到消费者的流通环节或者受阻，或者被中间环节垄断，柿产品利润被中间环节剥夺。柿生产缺乏市场销售网络，使生产者（企业）不能快速准确地了解和掌握市场真实需求信息，产品销售受制于人，经营效益不高（被中间环节盘剥），影响柿生产的可持续发展。

加工能力差，制约着营销能力的提高 我国目前所生产的水果中只有5%被加工成制品，绝大多数为鲜果销售，加工能力较差，深加工品种较少，因此，柿产品的营销市场相对狭小，特别是出口贸易量偏小，与世界柿树生产大国地位极不相称。

信息体系不完善，缺乏行业整体优势 信息的流通在市场竞争中起着重要作用。柿产品流通在一定程度上已成为制约柿产业发展的瓶颈。然而，目前众多柿生产者（企业）不重视市场信息的收集、整理、传递和分析，没有完整的柿生产与市场信息体系，不能运用市场信息有效地对生产与经营进行指导。生产者之间，各地之间由于彼此之间缺乏信息交流，联合和协作相对减少了，各地为了增加自身的经济效益互相压价销售，自相竞争，柿产业的整体优势不能发挥，整体效益降低。如果不解决这个问题，加上柿加工能力不足，导致柿产业发展滞后，将会出现像其他水果一样的上市时间过于集中、流通不畅、局部滞销、价格下降、果农增产不增收的局面。

产生这些矛盾和问题的根源，主要是来自生产经营中的各项服务没有跟上。由此可以看出，服务在柿生产经营中的重要性。我们要在柿的生产经营过程中，运用各种服务手段，协调好生产经营中的各种关系，解决好各种需求矛盾，注入各种生产要素，保持生产经营运行生机，促使生产经营运行顺利，达到预期的目的和期望的效果。

柿产品销售服务体系，是柿生产经营的产后服务体系，是以工商行政管理部门为依托，以市场主管部门为核心，以各级各类经营组织和经济实体为基础而组成的销售服务网络。主要任务是，搞好各级各类市场的建设、使用和管理，组织各个经营单位和经济实体参与柿产品的收购和销售。果品销售是柿生产活动的终结，是果农生产经营目标的最终实现，也是果农和市场经营者、消费者最为关切的问题，搞好销售服务极为重要。因此，各级政府都要有专门的市场服务领导指挥机构，组织工商、林业、公安、交通、物价、税务和技术监督等有关行政职能部门，加强市场运行的检查、监督和指导，协调好产销关系，维护好市场秩序，搞活市场交易，为果农和市场提供优质服务，以促进柿生产稳步、持续发展。

5. 怎样提高柿果市场营销能力？

随着市场经济的发展和农产品市场的国际化加剧，中国柿产业面临着更为激烈的市场竞争。因此，采取有效措施，提高柿果市场营销能力至关重要。

创立名牌 树立名牌观念，制定柿名牌战略。通过创名牌，不仅有利于提高柿产品质量的总体水平，而且有利于促进柿生产组织（企业）提高企业管理素质、技术素质和人才素质；同时，通过制定柿名牌战略，还可以优化农村社会资源配置，优化产业结构，加快柿产业技术进步。要像办工业那样办柿产业，把工业企业创名牌的生产经营之道移植到柿产业生产经营中来，促进柿产业健康发展。

要对优质柿实施商标化销售策略，柿生产与经营龙头企业要有强烈的商标意识，及时依法办理国内外商标注册，并逐步用商标名称来统一企业与果品名称。用商标来保护优质柿果品，用商标来扩大市场份额，用商标来启动柿名牌创立。

创名牌是振兴柿产业经济的一个突破口，通过创名牌，不仅有利于提高柿产品质量的总体水平，而且有利于促进柿生产组织。提高企业管理素质、技术素质和人才素质。同时，通过制定柿名牌战略还可以优化农村社会资源配置、优化产业结构、加快柿技术进步。为了保持优质柿质量的信誉度，优质柿品种一定要被国家有关部门批准为绿色食品，被国家有关部门正式定名，并取得注册商标。

加大科技投入，培育优良品种 加大科技投入，解决好育种、栽培、加工、流通各环节的问题。面对市场需求，开展柿主栽品种的优质、高产、新品种的选育与推广。建议各产区尽快在本地的当家品种中选出适宜当地生长、产量高、品质好、抗性强的优良品种。开展不同成熟期品种以及加工专用品种的选育，平衡各季节的果品供应，充分发挥我国柿产量大品质优良的优势，增加出口创汇。同时提高优良品种柿果的品质。柿多产在山区，产地没有工厂、污水及放射性物质等污染，符合无公害果品（绿色食品）的生产环境标准。因此，要协调柿生产经营与其他生产的关系和各种矛盾，确保柿生产环境质量不再下降。适应人们对无公害食品的需求，大力开发无公害柿生产技术。

开发新产品 柿果深加工是柿产业增值的核心和关键，是实现果品消费由"吃"原料到消费（喝）制成品转变的关键。发达国家果品消费方式除鲜食外，还以柿饼、柿叶茶、果粉、化妆品等加工产品的方式消费。因此，要加强优质柿果的储存、保鲜、加工技术的研究，对柿果进行精细深度加工、多层次综合利用，建立系列化的柿果加工体系，重点发展柿饼、柿叶茶、果粉添加食品、化妆品等加工技术，扩大柿果消费市场，增加出口，促进果品的增值，增加果农收入。

拓宽市场，建立健全产销服务体系 果品生产发展到一定阶段，销售成为主要问题。美国、日本等发达国家就有许多果品推销的专门机构，同时借助于新闻媒介广泛宣传优质果品的味美适口、外观艳丽、营养保健的特点，以增加销售量。应建立健全集技术咨询、信息指导、产品销售于一体的柿树产销全程服务体系。服务体系应注重优质新技术、优良新品种的引进与推广，搜集柿的市场信息，开拓优质柿销售市场，指导优质柿基地生产，使各地优质柿产品获得最大的经济效益。

要加快多功能、大容量、全方位的优质批发市场体系建设。果品批发市场应具有商品集散、信息传递、分销、交易结算等多种功能。要依托优质生产基地，兴建产地市场，建立无运距或短运距的产品集中市场，特别是要建立具有跨产区、跨行政区域的产品集散市场；千方百计开拓消费者市场，建立城市

"窗口"直销体系，在主要消费地区设立销售网点，形成产地与销地、农村与城市相结合的，以批发市场为主体的市场体系。

建立柿产业信息服务体系。有关部门应委托大专院校或科研机构成立专门的柿产业市场研究机构，聘请市场研究专家就柿生产与销售提出建议。通过各种形式和新闻媒介，设立上下贯通、功能齐全的柿信息预测预报系统，使柿产业的市场信息搜集、整理、传播在全国形成纵横交错的网络，为生产部门、销售部门、管理部门提供决策参考，为稳定市场价格、制定合理的发展战略和指导生产提供科学依据。

在柿主要产区建立柿优质种苗繁育基地，扩大良种覆盖面，有步骤地实施"引、育、繁、推"一体化。发展柿专业合作社，建立以林技（果树技术）推广中心为依托，以柿专业合作社、协会为纽带的生产全程科技服务体系。

龙头带动 按照现代企业制度改造柿树生产与经营龙头企业。龙头企业是柿生产与经营的生力军，是农户与市场之间的桥梁。因此，要把提高龙头企业的经营管理素质纳入柿产业整体发展的议事日程。要明确龙头企业的产权，大力发展股份制企业；龙头企业要以市场为导向，以销定产，注意研究和解决优质柿生产和销售的结合点与矛盾点，根据市场变化调整经营与市场竞争策略；强化内部管理，堵塞效益流失的漏洞；加强柿产品经销队伍的建设，通过培训等方式提高经销队伍的业务素质；大力发展产地经销企业。

培养经纪人 培养壮大农产品经纪人队伍、扩大柿产品销售。经纪人队伍的培养与出现对扩大优质柿果对外宣传和国际国内销售发挥着重大作用。近年来，每逢柿果采收后，各地都有果商从事柿果营销工作。除国有外贸、供销社、商业等部门专营完成国内外贸出口任务外，这些人长期活跃在全国各地从事柿果销售工作。这些人每年可直销柿果上万吨，既实现了自己致富，还带动了当地柿果的销售。

6. 如何让果农种出来的柿果卖出好价格？

柿果如何才能卖到高价，这是果农和从事柿果经营商家共同关注的问题。通过对从事果品生产和经营成功案例的分析，我们总结出了柿果卖高价的几大法宝。

生产环节，要讲科学　生产是果品的第一关口，是决定果品品质的关键所在，果园管理是否科学，决定果品的品质，也影响到果品的价格和收益。因此，这一环节中，果农一定要讲科学，诸如不要使用农药，不施用化肥，按照有机产品的标准组织生产，使果品的品质达到一流，为参与市场竞争奠定基础。

宣传在先，卖果不难　作为产果区的政府部门、柿果业协会要发挥优势，充分利用互联网、电视、电台、报刊等媒体，发布果品信息，还可组织一些像"月柿节"、"红柿节"之类的活动，宣传造势，吸引客商。有经济条件的果农，也可以自己花钱利用媒体进行宣传。

包装一变，价格翻番　俗话说，货卖一张皮。现在产果区的果农及经销者越来越重视果品的包装了。果品包装朝着两个趋势发展：一是大包装向小包装发展。很多水果原来的包装箱都在20 kg 以上，30 kg 的也相当普遍，现在流行10 kg 以下包装，甚至是论个数，不论重量的包装。二是高档化。外包装箱设计非常精美，具有一定造型和华美逼真的图片，非常吸引人们的眼球，内包装也发生着变化，由网套向包装纸、网套、小包装盒三组合发展。另外，透明包装、组合包装、礼品包装成为果品包装的潮流。同样的果品，不同的包装，卖价不同已成共识。

注册商标，打出品牌　由于地域不同，同一果品的品质有较大差别，所以，为了使自己的优质柿果品能够卖到优价，必须申请注册自己的商标，打出自己的品牌，参与市场竞争。注册商标不一定要每个果农都出面注册，可以是某一区域内，由政府部门或果农协会组织出面注册，商标由某一区域的果农或果商共享。

储藏保鲜，增值不难　近几年的柿果市场行情是：果品大量上市的旺季价格较低，而在淡季物以稀为贵。不少地方的柿农、果商、经纪人采用冷库、气调库在采摘季节把柿果包装储存，然后在淡季陆续供应市场。一般情况下，以5 kg 柿果为例，一箱成本价为20 元，储藏保鲜到春节后可售到50 ～60 元，除去储存成本5 元，一箱柿果增值在30 ～40 元，效益非常可观。

分级经营　一般果农在销售柿果时，常常不论品种和规格混在一起卖，往往难以取得较高效益。而河南省鲁山县仓头乡的一个柿专业户在销售柿果时严格进行品种、大小规格分级销售，采取一级柿果销往外地、城市超市，二级柿果销往县城批发市场，三级柿果销往农村的策略，每年20亩柿树园可多卖8 000多元。

残次果品加工，效益倍增　对一些质量较差的残次果品，果农可以售给相应的加工厂家，以达到增值的目的。

附　录

附录1　柿生产管理年历

月份	物候期和管理重点	栽培技术措施
1月	物候期：相对休眠期 管理重点：冬季清园	1.继续做好冬季修剪工作。（1）幼树：根据整形要求，选留方位和角度合适的枝条作为主枝和侧枝，疏去同方向的枝条，各级骨干枝的延长枝在适当部位短截，对无碍延长枝生长的其他枝条，疏去过密枝、交叉枝、重叠枝，过长的枝条适当回缩。（2）结果树：对结果树的修剪，依枝条种类分别处理。结果母枝：依树龄、树势和栽培管理状况确定计划产量，确定应留结果母枝数，修剪时留粗壮的结果母枝，留壮去弱，酌情疏除一部分过密枝、交叉枝、重叠枝或留基部2～3芽短截作预备枝。发育枝：疏除内膛或大枝下部细弱枝；具有2～3次梢的发育枝截去不充实部分；过长枝进行短截；酌情疏除一部分过密枝、交叉枝、重叠枝；徒长枝除用于补空外，一般无用，可从基部疏除。结果枝和落花落果枝：留基部1～2个芽短截 2.清园。结合冬季修剪继续进行清园，剪除病虫枝、清除枯枝、落叶集中深埋或烧毁 3.树干涂白。继续进行树干涂白，刮除粗枝翘皮，对树干主枝分枝以下进行树干涂白 4.病虫害防治。主要防治越冬害虫，严格做好清园，全园喷1:4:400波尔多液，减少病虫害侵染源
2月	物候期：萌芽期 管理重点：促萌芽	1.施肥：施速效肥促进枝梢生长 2.水分管理：柿树萌芽抽梢时需充足的水分，在易出现春旱的柿树产区，柿树萌芽抽梢时遇干旱应及时灌溉，以保证萌芽健壮饱满 3.需换种的低产园及时进行换接良种 4.病虫害防治：主要防治角斑病，彻底摘除树上残留的柿蒂，清除病源，春季发芽前喷4～5波美度石硫合剂，新梢开始发病时喷50%多菌灵可湿性粉剂800～1000倍液防治

月份	物候期和 管理重点	栽培技术措施
3月	物候期：现蕾期 管理重点：壮花	1. 根外追肥。喷 0.2%硼砂 +0.3%磷酸二氢钾 2. 修剪。抹芽，结果母枝抽发多个结果枝应在中部选留 2 个结果枝，其余宜早抹除 3. 疏蕾。在结果枝上第一朵花开放至第二朵花开放时完成疏蕾，疏蕾时除保留开花早的 1 ~ 2 朵花以外，结果枝上开花迟的蕾全部疏除，才开始挂果的幼树，应将主、侧枝上的所有花蕾全部疏掉 4. 促进授粉。对单性结实能力低的柿园，除种植时配置一定比例的授粉树外，在花期还可以采取下列方式促进授粉。(1) 果园放蜂：每 4 ~ 5 hm² 置一箱蜂。(2) 人工授粉：花期遇低温、刮风、下雨时，蜜蜂活动受影响时，可采用人工授粉 5. 病虫害防治：主要防治柿绒蚧。展叶至开花前用 5%溴氰菊酯乳油 4 000 ~ 5 000 倍液喷药防治
4月	物候期：开花期 管理重点：促进授粉	1. 激素处理。可在盛花期喷 0.000 5% ~ 0.001%的 2，4- 滴或 0.02%赤霉素溶液 2. 水分管理。萌芽期、开花期遇干旱及时灌溉 3. 树盘覆盖。幼树覆盖树盘 4. 疏花蕾。继续进行疏花蕾工作 5. 促进授粉。对单性结实能力低的柿园，除种植时配置一定比例的授粉树外，在花期还可以采取下列方式促进授粉。(1) 果园放蜂：每 4 ~ 5 hm² 置一箱蜂。(2) 人工授粉：花期遇低温、刮风、下雨时，蜜蜂活动受影响时，可采用人工授粉 6. 病虫害防治。主要防治柿绵蚧。早春柿树发芽前喷 1 次 5 波美度石硫合剂或 0.5% 柴油乳剂，消灭越冬若虫；展叶至开花前，喷施20% 菊乐合酯乳剂 2 000 倍液；6月上旬第一代若虫发生时，喷 0.3 ~ 0.5 波美度石硫合剂可基本控制危害
5月	物候期：果实发育 管理重点：壮果	1. 继续施保果肥，成年结果树每株 0.5 ~ 1 kg 尿素，还可配合施部分磷肥 2. 夏季修剪。(1) 抹芽：在新梢抽生后至未木质化前进行，幼树将整形带以下的萌芽全部抹除；大树上主枝分杈处、锯口附近或大枝拱起部分会萌发大量新梢，抹除向上或向下的嫩梢，留下侧下方的新梢 1 ~ 2 条，培养结果母枝。(2) 徒长枝：对无利用价值的徒长枝疏除，填补空缺的、方位合适的徒长枝在枝条长达20 ~ 30 cm 时摘心，促发二次梢，形成结果母枝。(3) 拉枝：对所培养的主枝、副枝，方位、角度不合适时在新梢木质化前进行拉枝、撑枝、吊枝等处理，7 ~ 8 月新梢长至一定程度再进行一次处理。(4) 环剥：适龄壮旺未结果树，由本月至 7 月可进

月份	物候期和管理重点	栽培技术措施
5月	物候期：果实发育 管理重点：壮果	行环剥等处理促进花芽分化。环剥时在主枝、主干上进行错口半圆形或螺旋形环剥，宽度在5 mm以下 3. 土壤管理，松土除草 4. 病虫害防治。主要防治柿蒂虫、柿毛虫。柿蒂虫防治：5月下旬至9月，将幼虫危害果及时摘掉，摘净、拾净，深埋或烧毁；8月中旬，在冬季刮过粗皮的树干和主枝上缚草把，引诱幼虫在内越冬，入冬后解除草把烧毁 成虫发生期，用90%敌百虫晶体1 000倍液、2.5%溴氰菊酯乳油或20%杀灭菊酯乳油1 500倍液等防治1～2次
6月、7月	物候期：果实发育膨大期，花芽分化期 管理重点：壮果、促花芽分化	1. 夏季修剪。修剪方法见5月 2. 施肥。施稳果肥，适当，增施钾肥 3. 疏果。在6月下旬至7月生理落果即将结束时进行疏果。先疏除小果、萼片受伤果、畸形果、病虫果，向上着生的果易日灼，也应疏除，保留果的叶果比为15:1左右 4. 土壤管理。松土除草 5. 水分管理。果实迅速膨大期遇干旱及时灌溉 6. 病虫害防治。主要防治炭疽病、圆斑病、柿蒂虫、角斑病等。柿蒂虫防治见5月。（1）角斑病：在2月摘除树上残留的柿蒂的基础上，6月中旬喷1次1:（2~5）:600波尔多液，或用65%代森锌可湿性粉剂800倍液，每5～7天1次，连喷2～3次。（2）炭疽病：萌芽前喷1次5波美度石硫合剂，6月以后可用1:（2~5）:600波尔多液，或50%甲基硫菌灵可湿性粉剂1 000倍液，或50%多菌灵可湿性粉剂1 000倍液防治。（3）圆斑病：6月中旬喷1次1:（2～5）:600波尔多液或65%代森锌可湿性粉剂500倍液，重病区20天后再喷1次
8月	物候期：果实发育期，花芽分化期。 管理重点：壮果，促花芽分化	1. 施基肥。秋施基肥工作，深翻改土 2. 水分管理。加强水分管理，防止干旱 3. 修剪。回缩更新培养新结果枝组 4. 土壤管理，除草 5. 病虫害防治。主要防治炭疽病。炭疽病防治：萌芽前喷1次5波美度石硫合剂，病害发生时可用1:（2~5）:600倍式波尔多液，或50%甲基硫菌灵可湿性粉剂1 000倍液，或50%多菌灵可湿性粉剂1 000倍液防治

月份	物候期和管理重点	栽培技术措施
9月至10月	物候期：果实膨大期、早中熟品种成熟、花芽分化期 管理重点：壮果采收，促花芽分化	1. 继续深翻改土，压埋绿肥 2. 做好采果准备工作 3. 及时剪除病虫枝、病果 4. 采收 5. 水分管理：遇干旱及时灌溉秋旱需淋水 6. 病虫害防治：主要防治角斑病、圆斑病。（1）角斑病：在2月摘除树上残留柿蒂的基础上，发病时用1:（2~5):600波尔多液，或用65%代森锌可湿性粉剂800倍液，每5~7天1次，连喷2~3次进行防治。（2）圆斑病：发病时喷1:（2~5):600波尔多液或65%代森锌可湿性粉剂500倍液，重病区20天后再喷1次
11月至12月	物候期：相对休眠期 管理重点：冬季清园	1. 冬季修剪。（1）幼树：根据整形要求，选留方位和角度合适的枝条作为主枝和侧枝，疏去同方向的枝条，各级骨干枝的延长枝在适当部位短截，对无碍延长枝生长的其他枝条，疏去过密枝、交叉枝、重叠枝，过长的枝条适当回缩。（2）结果树：对结果树的修剪，依枝条种类分别处理。结果母枝依树龄、树势和栽培管理状况确定计划产量，确定应留结果母枝数，修剪时，留粗壮的结果母枝，留壮去弱，酌情疏除一部分过密枝、交叉枝、重叠枝或留基部2~3芽短截作预备枝。发育枝疏除内膛或大枝下部细弱枝；具有2~3次梢的发育枝截去不充实部分；过长枝进行短截；酌情疏除一部分过密枝、交叉枝、重叠枝；徒长枝除用于补空外，一般无用，可从基部疏除。结果枝和落花落果枝：留基部1~2个芽短截或回缩至下部有分枝处，过高、过长的衰老枝组进行回缩，促使下部抽发更新枝 2. 清园。结合冬季修剪进行清园，剪除病虫枝、清除枯枝、落叶集中深埋或烧毁 3. 树干涂白。刮除粗枝翘皮，对树干主枝分枝以下进行树干涂白

附录 2　柿树主要病虫害综合防治年历

生育期	防治对象	防治措施	注意事项
休眠期（落叶后至翌年3月）	各种越冬病虫，如角斑病、圆斑病、炭疽病、柿蒂虫、柿绵蚧、草履蚧等	1. 彻底剪除病虫枯枝，刮除树干粗皮，清除树上残存柿蒂僵果 2. 彻底清扫落叶、僵果等，集中烧毁或深埋 3. 树干绑草环的，及时摘掉烧毁	彻底销毁或破坏病、虫越冬场所
发芽前(4月)	柿绵蚧、草履蚧、柿蒂虫、角斑病、炭疽病等	1. 刮除树干粗皮后，及时在树干上涂抹粘虫胶环，粘杀草履蚧若虫，阻止其上树危害 2. 喷施 45%石硫合剂晶体 50～70 倍液，或 2～3 波美度石硫合剂，或机油乳剂，杀灭树上各种越冬病虫	选择温暖、无风天喷药，且喷药必须均匀、周到、细致，使树体表面全部着药。 发芽前是蚧全年防治的重点
发芽后至开花前（5月）	草履蚧、柿绵蚧、食叶虫类等	1. 及时清除粘虫胶环上的草履蚧，并适当补涂粘虫胶 2. 柿绵蚧严重时，发芽后喷施 1 次 48%毒死蜱乳油 1 000～1 200 倍液等，杀灭残存害虫，并兼治食叶虫类	虫害不严重的果园，本期可以不用喷药
幼果期（落花后1.5个月内）	圆斑病、角斑病、炭疽病、柿绵蚧、柿蒂虫、食叶虫类等	1. 从落花后 10～15 天开始喷施 1～2 次杀菌剂，间隔期 15 左右，防治多种病害。有效药剂有 70%甲基硫菌灵可湿性粉剂 1 000～1 200 倍液、65%代森锌可湿性粉剂 500～700 倍液、80%代森锰锌可湿性粉剂 800～1 000 倍液、50%多菌灵粉剂 800～1 000 倍液及 1:(3～5):(400～600) 波尔多液等 2. 6 月上中旬、7 月中旬，分别是柿绵蚧第一、第二代若虫发生危害高峰期，需各喷药 1 次进行防治，并兼治柿蒂虫、食叶虫类等多种害虫。有效药剂同前述	6月上中旬和7月中旬，是柿绵蚧全年防治的第二个重点时期。对柿蒂虫有效的药剂还有 4.5%高效氯氰菊酯乳油 1 500～2 000 倍液、2.5%氯氰菊酯乳油 2 000～2 500 倍液等
果实膨大期至采收	柿绵蚧、柿蒂虫、食叶虫类等	7 月下旬是药剂防治第二代柿蒂虫的关键期，8 月中旬和 9 月中下旬是药剂防治第三、第四代柿绵蚧的关键期。需注意喷药防治，有效药剂同前述。其他害虫兼治	第三、第四代柿绵蚧是否需要喷药防治，应根据果园具体情况灵活掌握
说明	本防治年历仅供参考。不同果园具体病虫害防治时，应根据病虫发生情况灵活掌握，避免生搬硬套		

附录3 柿树主要病虫害防治措施

防治对象	防治适期和防治方法
柿圆斑病	1. 农业防治。休眠期彻底清扫园中枯枝落叶，集中沤肥或烧毁。加强土肥水综合管理，增加树势，提高树体抗性 2. 化学防治。5月下旬至6月上旬，及时用药1次。可使用波尔多液、甲基硫菌灵、多菌灵等
柿角斑病	1. 农业防治。休眠期彻底剪除树上的残留柿蒂及发育不充实和枯死枝条，清除园中的枯枝落叶，集中烧毁。柿树集中园片禁止混植君迁子。调整树体结构，改善通风透光条件 2. 化学防治。6月中旬集中喷药1次，可使用甲基硫菌灵、波尔多液
柿炭疽病	1. 农业防治。选择抗性强的品种。严格选择苗木和接穗，对苗木进行消毒。及时清除病枝、病果，集中销毁 2. 化学防治。萌芽前、6月上旬及7～8月全树喷药防治。萌芽前用为5波美度石硫合剂，生长季用波尔多液、代森锰锌等
柿蒂虫	1. 农业防治。土壤化冻后及时深翻树盘。8月中旬前大枝基部绑草把诱杀老熟幼虫，冬季解下烧毁 2. 化学防治。5月下旬至6月上旬（盛花后1周至生理落果前）和8月上旬喷药防治。可使用菊酯类
柿绵蚧	1. 农业防治。刮除全树枝干老翘粗皮，摘除残留柿蒂，并集中烧毁 2. 生物防治。利用黑缘红瓢虫、红点唇瓢虫等防治 3. 化学防治。萌芽前、5月中旬至生理落果后喷药防治。萌芽前用5波美度石硫合剂，生长季可用毒死蜱等进行防治
草履蚧	1. 农业防治。秋末冬初，将树盘刨翻10 cm深，拣净土壤中的卵囊，集中烧毁。12月下旬至翌年1月上旬，树干光滑处涂粘虫胶、胶带或绑塑料布裙 2. 化学防治。若虫期用药防治，可使用3～5波美度石硫合剂、杀扑磷、阿维菌素类
柿毛虫	1. 农业防治。早春结合整修土地，刨树盘杀灭虫卵。4月上旬在树干通直光滑处涂10 cm宽触杀剂药环，阻止害虫上树危害 2. 化学防治。3龄前用药防治，可使用菊酯类、灭幼脲

附录 4　果品生产禁止使用的一些化学农药

种类	农药名称
有机砷杀菌剂	甲基砷酸锌、甲基砷酸铁铵、福美甲胂、福美胂
有机锡菌剂	三苯基乙酸锡、三苯基氯化锡
有机汞杀菌剂	氯化乙基汞（西力生）、乙酸苯汞（赛力散）
氟制剂	氟化钙、氟化钠、氟硅酸钠
有机磷杀虫剂	甲拌磷、氧乐果、异丙磷、三硫磷、磷化锌、磷化铝、马拉硫磷
氨基甲酸酯杀虫剂	灭多威、杀螟威
有机氯杀虫剂	林丹、氯化苦、五氯酚、氯丹
无机砷杀虫剂	砷酸钙、砷酸铅、砒霜
有机氯杀螨剂	三氯杀螨醇
取代苯类杀虫剂	五氯硝基苯、五氯苯甲醇
二苯醚类除草剂	草枯醚
其他	溃疡净、401

附录5 无公害柿生产中允许使用的农药

农药名称	剂型	使用浓度	防治对象或用途
灭幼脲	25%胶悬剂	1 500 倍液	柿毛虫、刺蛾
加德士敌死虫	99.1%乳油	200 倍液	柿棉蚧、龟蜡蚧
吡虫啉	10%可湿性粉剂	2 500 ~ 5 000 倍液	叶蝉、飞虱
溴灭菊酯	20%乳油	1 500 ~ 2 500 倍液	大蓑蛾、刺蛾、柿毛虫
敌百虫	90%晶体	90%晶体 700 ~ 1 000 倍液	金龟子、尺蠖、刺蛾
扑虱灵	25%可湿性粉剂	2 000 倍液	柿绵蚧、龟蜡蚧、叶蝉、粉虱、飞虱
烟碱	40%硫酸烟碱水剂	800 ~ 1 000 倍液	叶蝉、卷叶虫等
高效氯氰菊酯	10%乳油	3 000 ~ 4 000 倍液	蚧、木虱、叶蝉
噻虫嗪	25%颗粒剂	6 000 倍液	叶蝉、飞虱
溴氰菊酯	2.5%乳油	1 500~3 000 倍液	金龟子、柿毛虫、刺蛾等
石硫合剂	原液	3 ~ 5 波美度	用于冬季清园喷洒树冠
波尔多液	硫酸铜 1: 生石灰 3	500 倍液	角斑病、圆斑病
噁酮·锰锌	68.75%散粒剂	1 200 倍液	炭疽病等
代森锌	65%可湿性粉剂	400 ~ 500 倍液	炭疽病等
甲基硫菌灵	70%可湿性粉剂	1 000 倍液	角斑病、圆斑病等
代森锰锌	80%可湿性粉剂、42%悬浮剂	600 ~ 800 倍液	炭疽病、角斑病、圆斑病
多菌灵	25%可湿性粉剂		炭疽病、角斑病等
炭疽福美	80%可湿性粉剂	500 ~ 600 倍液	炭疽病等
白涂剂	硫黄粉 : 生石灰 : 硫酸铜 : 生石灰 : 水	0.5:5:201:20:60	用于冬季树干涂白
溴菌清	25%可湿性粉剂、25%乳油	500 ~ 800 倍液	炭疽病

附录6 无公害柿卫生安全质量指标

项目	限量指标 (mg/kg)	项目	限量指标 (mg/kg)	项目	限量指标 (mg/kg)
砷（以As计）	≤ 0.5	马拉硫磷	不得检出	毒死蜱	≤ 1.0
汞（以Hg计）	≤ 0.01	对硫磷	不得检出	杀扑磷	≤ 2.0
铅（以Pb计）	≤ 0.2	甲拌磷	不得检出	三氟氯氰菊酯	≤ 0.2
铬（以Cr计）	≤ 0.5	甲胺磷	不得检出	氯氰菊酯	≤ 2.0
镉（以Cd计）	≤ 0.03	久效磷	不得检出	溴氰菊酯	≤ 0.1
亚硝酸盐（以 NaNO$_2$计）	≤ 4.0	氧化乐果	不得检出	氰戊菊酯	≤ 0.2
硝酸盐（以 NaNO$_3$计）	≤ 400	甲基对硫磷	不得检出	敌敌畏	≤ 0.2
喹硫磷	≤ 0.5	克百威	不得检出	乐果	≤ 1.0
辛硫磷	≤ 0.05	除虫脲	≤ 1.0	敌百虫	≤ 0.1
多菌灵	≤ 0.5	抗蚜威	≤ 0.5	三唑酮	≤ 0.2
杀螟硫磷	≤ 0.4	百菌清	≤ 1.0		
倍硫磷	≤ 0.05	甲基硫菌灵	≤ 10.0		

注：禁止使用的农药在甜柿果实中不得检出。

附录7 柿树嫁接苗指标

项目		级别	
		一级	二级
品种砧木纯度		98%	
根系	主根长度 /cm	20%	
	有效侧根数量 / 条	涩柿≥ 10 甜柿≥ 8	涩柿≥ 8 甜柿≥ 5
	侧根分布	均匀、舒展	
茎干	成熟度	充分成熟	
	嫁口高度 /cm	10 ~ 30	10 ~ 30
	苗木高度 /cm	涩柿≥ 130，甜柿≥ 110	涩柿≥ 110，甜柿≥ 90
	苗木粗度 /cm	涩柿≥ 1.10，甜柿≥ 0.90	涩柿≥ 0.90，甜柿≥ 0.70
	嫁接愈合程度	嫁接口愈合良好	
根皮与枝皮		新损伤，老损伤口已愈合	
整形带内饱满芽数 / 个		≥ 5	
病虫危害情况		无检疫对象	

参考文献

[1] 北京市质量技术监督局. 柿子无公害生产综合技术: DB 11/T 331—2005[S].

[2] 龚榜初, 洪月明. 甜柿苗真伪冬态鉴别技术 [J]. 林业科技通讯, 2001, 1 (14): 35

[3] 王文江, 王仁梓. 柿优良品种及无公害栽培技术 [M]. 北京: 中国农业出版社, 2007.

[4] 王仁梓. 柿病虫害及防治原色图册 [M]. 北京: 金盾出版社, 2006.

[5] 杨勇, 王仁梓. 甜柿栽培新技术 [M]. 杨凌: 西北农林科技大学出版社, 中国农影音像出版社, 2005.

[6] 王仁梓. 图说柿高效栽培关键技术 [M]. 北京: 金盾出版社, 2009.

[7] 罗正荣, 蔡礼鸿, 胡春根. 柿属植物种质资源及其利用研究现状 [J]. 华中农业大学学报, 1996(4): 381-388.

[8] 丁向阳. 20个柿品种在河南省洛阳地区的引种试验 [J]. 华中农业大学学报, 2007(3): 380-384.

[9] 李晓梦, 丁向阳. 多效唑对黑柿生长的影响 [J]. 林业工程学报, 2008, 22(5): 101-103.

[10] 丁向阳, 周德明, 陈国领. 微量元素施肥效应对柿产量的影响 [J]. 经济林研究, 2009, 27(2): 28-30.